餐桌上的偽科學系列 #6

STUPID TAX & HEALTH RUMORS

生活中的偽科學

頂尖醫學期刊評審以科學證據
破解智商稅產品和危言聳聽的健康資訊

林慶順教授（Ching-Shwun Lin, PhD）著

前言

打擊偽科學記事與感謝

　　我的個人網站《科學的養生保健》成立於八年前（2016 年 3 月 18 日），已發表了一千多篇文章，平均每兩天發表一篇多一點，大約九成的文章是為了回答讀者的提問而撰寫的。所以，讀者是這個網站一年又一年往前邁進的最大動力。

　　2023 年以來，有幾件算是給予這個網站高度肯定的事情。我把它們依據時間順序列舉如下：

　　2023 年 4 月 − 消基會在它的《消費者報導雜誌》刊登由我撰寫的文章〈瞭解「科技燕窩」〉。

　　2023 年 5 月 − 《大愛電視台》來函：「我是大愛電視台《日日有新知》節目的企畫，林家如。《日日有新知》是一個知識型的節目，每集三分鐘，提供觀眾一個新觀念或新知識，目前正在籌製中，預計今年 2023 年 8 月 1 日上檔。在您的網站當中，看見您運用科學證據，詳細且精闢地替普羅大眾解惑生活中遭

遇的各種醫療保健迷思，正是我們節目製作的方向與內容，如〈不沾鍋有毒嗎？〉這一篇內容，我們希望能製作成節目，以導正視聽，期盼有榮幸能請教授提供指導，如蒙允諾，不勝感幸，祝福喜樂順心！」

2023 年 6 月－國家實驗研究院來函：「國科會著手規劃開發適合我國語言特性之生成式 AI 對話引擎，並委託財團法人國家實驗研究院科技政策研究與資訊中心（以下簡稱本中心）執行『推動可信任生成式 AI 發展先期計畫』（以下簡稱本計畫），希望能選擇本土在地的語料及文本供模型開發之用，打造適合我國語言特性之生成式 AI 對話引擎，讓政府或其他單位在此基礎模型上，後續可依照需求選擇適用的模型大小及衡量算力，自行訓練模型或建構內部應用之模型，例如我國各階段教育、政府便民服務等客製化發展。唯模型訓練所需之本土化資料，其品質、廣泛程度及權威性對模型的表現影響巨大，您經營之《科學的養生保健》網站之內容，對於我國生成式 AI 發展有不可或缺之重要性，將有助於生成式 AI 學習醫學新知並排除偏誤或假訊息，誠摯邀請您共襄盛舉，攜手合力推進台灣生成式 AI 之發展。」

2023 年 6 月－黃偉家醫師在他的 YouTube 頻道「面白牙醫」推薦我在 2018 年出版的《餐桌上的偽科學》。我跟黃醫師

素昧平生，所以能獲得他說這本書是「現代人必看的一本書籍」，讓我感到萬分榮幸。黃醫師的推薦立刻造成這本書的暢銷，而另外四本系列書籍《餐桌上的偽科學 2》、《維他命 D 真相》、《偽科學檢驗站》、《健康謠言與它們的產地》，也都有得到「母雞帶小雞」的效應。由於這五本書都有獲得讀者的鼎力支持，所以得以順利推出這第六本系列書籍《生活中的偽科學》，希望它仍然能獲得您的肯定。

2023 年 10 月－臺北醫學大學來函邀請我擔任顧問，向國家科學及技術委員會申請「113 年度科普產品製播推廣產學合作計畫——科普影視產品製播」。

2023 年 11 月－一家書局來函要求授權使用我書中的內容作為台灣全國公私立高中的考試題材。書局有叮嚀我不可洩密。

2024 年 1 月－林口長庚醫院腫瘤科主治醫師吳教恩在臉書留言，希望我能給他所製作的衛教影片「指導」。我當然知道「指導」是客套話，而事實上吳醫師的影片真的是這個網路亂世裡的一股清流。

2024 年 2 月－有位署名林基興的讀者利用網站的「與我聯絡」來詢問一篇有關牙線含鐵氟龍的報導（收錄在本書 69 頁），我問他是不是破解電磁波謠言的專家林基興博士。我發表過好幾篇駁斥電磁波有害論的文章，在撰寫這些文章以及準備相關

演講的時候我參考了很多林基興博士的著作跟影片。他曾是
《科學月刊社》總編輯和理事長，也擔任過環保署「非游離輻
射預警機制風險評估小組」主席。他有發表好幾本關於電磁波、
轉基因以及核能與輻射的書籍，可以說是在台灣致力於打擊偽
科學的先驅。林基興博士回覆我：「是的。您厲害呢，上天下地
無所不知，宇宙之內難逃您法眼。我知您是華人的救星，眾生
所託。」

目 錄
contents

Part 1
智商稅產品的謊言與偽科學行銷

生活中有許多產品被賦予神奇的功效，例如宣稱可
以消除痠痛的磁力貼、強調無毒的陶瓷不沾鍋、號
稱能改善健康的貼片或手環；也有許多商品據說對
人體會造成不良影響，例如有毒的防蚊液或是油漆
甲醛。到底哪些是可以相信的真科學，哪些又是讓
人白花冤枉錢的智商稅產品？

磁力貼與鈦項圈，
金屬治療的吹捧與現實

＃鈦、磁鐵、鍺石、負離子、輻射

讀者 Andy 在 2019 年 8 月 21 日在臉書上問我：「是否有磁鐵的研究？例如易利氣這類的商品。」我跟他說：「等很久，總算有人問了。」

我之所以這樣說，有三個原因：

一、十多年前我擔任中半島台灣合唱團指揮時，就有一位團員跟其他團員推銷所謂的磁鐵貼布。我雖不以為然，但為顧及團員間的和氣團結，並未予以制止。二、2019 年 4 月間，一心出版社在籌備我的第二本書時，總編輯蘇小姐建議我補寫一篇關於磁力貼的文章，但後來由於文章的篇數已經超過所需，所以就沒下筆。三、我發表文章的主要動力是讀者提問，所以有人問，我才會有動力寫。

磁鐵治療：非凡的聲稱，但無證實的好處

進入主題之前，我需要先說明，這篇文章要討論的是「磁鐵治療」（例如磁力貼），而非其他任何形式的「磁力治療」。

我們先來看一篇 2006 年發表的論文〈磁力治療〉[1]。在這篇論文裡，兩位教授審查了所有之前用磁鐵治療的臨床研究，他們的結論可以很容易地從這篇論文的開場白看得出來。開場白標題：非凡的聲稱，但無證實的好處。開場白內容：聲稱具有治療作用的磁力裝置包括磁力手鐲、鞋墊、腕帶和膝蓋帶、背部和頸部支撐、甚至枕頭和床墊，它們在美國的年銷售額估計為三億美元，全球銷售額超過十億美元。它們被廣告宣傳為可以治癒各式各樣的疾病，特別是疼痛。用谷歌搜索「磁力＋療癒」（省略「核磁共振」），會產生超過兩萬頁結果，其中大多是吹捧療癒。請讀者在網上用「磁力療癒」做搜索，來評估這些五花八門的聲明。

再來看一篇 2007 年發表的論文〈用於減輕疼痛的靜態磁鐵：隨機試驗的系統評價和薈萃分析〉[2]，它的結論是：證據不支持使用靜磁力緩解疼痛，因此不建議將磁鐵作為有效的治療方法。

接著我們來看美國國家衛生研究院（National Institutes of

Health，NIH）所提供的資訊〈治療疼痛的磁力：你需要知道的〉[3]，此文結論是：研究不支持使用靜電磁鐵治療任何形式的疼痛。此外，文章中提出三項警告：一、磁鐵可能會干擾醫療設備，例如心臟起搏器和胰島素幫浦。二、兒童可能吞嚥或意外吸入可能致命的小磁鐵。三、不要使用無須處方即可購買的靜電磁鐵或電磁鐵，以推遲向醫療保健提供者諮詢疼痛或任何其他醫療問題。

美國食品藥物管理局（FDA）轄下的「器械與放射健康中心」（Center for Devices and Radiological Health，CDRH）曾發表聲明[4]：迄今為止，FDA 尚未批准銷售任何用於醫療用途的磁鐵。由於這些設備沒有營銷許可，因此違反了法律規定，並受到監管行動。

美國 FDA 的檔案中，也有一篇文章〈被促銷能治療癌症的磁鐵〉[5] 提到：有一家叫做 Macrotech 的公司用他們研發的「磁環裝置」來治療癌症病患，也聲稱此一裝置可以治療多發性硬化症、關節炎、肌肉萎縮症、阿茲海默症、肺氣腫、冠心病和愛滋病等等。經過 FDA 調查和控告，Macrotech 公司的負責人詹姆士・戴佛森（James Gary Davidson）被法院裁定需賠償受害人六十七萬五千美元，以及入監服刑七年又四個月。

有興趣的讀者，可以翻閱本書的附錄，看看幾篇有趣的文

章及報導：2002 年〈加州總檢察長起訴磁鐵床墊的銷售商〉[6]；
2003 年〈華盛頓州政府控告磁鐵床墊的推銷商〉[7]；2006 年〈磁
療：十億美元的冤枉蠢事〉[8]；2008 年 6 月 29 日更新〈磁療：
一個抱持懷疑的看法〉[9]；2015 年 10 月 26 日更新〈磁鐵治療〉
[10]（此文提到，將磁鐵掛在脖子上來治癒癌症，不僅是胡說八
道，而且也是危險的，因為它們可能會轉移患者從主流醫學中
尋求適當的治療。磁療產品是浪費金錢）；2017 年 3 月 7 日〈磁
鐵提供娛樂，但不是健康益處〉[11]。

鍺項圈，鈦扯

　　臉書朋友黃先生 2021 年 4 月 15 日用簡訊詢問：「教授好，
磁力貼你已寫過，那請問鍺跟鈦呢？」

　　鈦的英文是 Titanium，化學符號是 Ti，原子序數是 22。
鈦的重量很輕（像鋁），但質地堅硬（像鋼），屬不易腐蝕的金
屬，所以常應用於航空器材的製作。鍺的英文是 Germanium，
化學符號是 Ge，原子序數是 32。鍺是一種類金屬，也就是介乎
金屬和非金屬之間的物質。鍺的主要用途是光纖的製作，但也
曾被用來製作口服藥。**另類療法曾用鍺治療癌症、愛滋病、關
節炎等等，但都已被證實無效。保健品業者聲稱鍺能提升免疫**

力，但已被證實非但無益，反而還會傷腎致命，所以美國 FDA 已經禁止用鍺來製作口服藥。

　　由於鈦的重量輕、質地硬，又有漂亮的光澤，所以也被用來打造項鍊、項圈、手鐲、手鍊等佩戴品。當然，聰明的商家也會聲稱佩戴這些首飾能祛寒辟邪、保平安等等。只不過，吹噓的程度是遠不如添加了鍺的佩戴品。聰明的商家聲稱鍺可以釋放負離子，而負離子可以中和對身體有害的正離子，還能促進血液循環、增加血中含氧量、消除疲勞、提升自癒能力等等。所以，鍺就被附加在鈦項圈等個人的佩戴品，形成所謂的「鈦鍺能量產品」。《非凡新聞》還曾報導台灣某某企業的大老闆也有戴鈦鍺能量項圈，但是影片[12]下面的留言裡有人說那位老闆已經得了癌症死去。

　　《TVBS》在 2010 年 12 月 24 日發表了一篇文章〈「戴」出健康？鈦、鍺、負離子 TVBS 檢視！〉[13]，而此文第一段是：「近年來民眾追求健康，商品也推陳出新，尤其號稱可以促進血液循環、新陳代謝的手環或是項圈，逆勢竄紅，TVBS 記者今天實際檢測，包括磁石以及使用金屬鍺或是鈦，甚至最新流行的負離子產品，許多商品確實能夠釋放維持健康的負離子，但醫界還是提醒，只要常去公園或是戶外，就有同樣的功效。」

　　《華爾街日報》在 2009 年 10 月 27 日發表了一篇文章〈金

屬：萬靈丹還是安慰劑〉[14]，此文副標題是「很多人吹捧鈦、銅、銀和金的治療性質，但科學卻不在那裡」。這篇文章一開頭就用了幾位運動明星當例子，說他們都在吹捧鈦項圈之類的佩戴品真的有幫助他們的表現。接下來這篇文章就說：「但是，這種說法一直都是一分藥，百萬分行銷。一項本月發表在《醫學互補療法》（Complementary Therapies in Medicine）的英國研究證實了懷疑者長期以來的信念：任何感知到的好處頂多就是心理上的，而且沒有比安慰劑好。」

鍺石配件可能產生的危害

如果只是沒有好處，那也還沒關係，但是有一個影片〈鍺石的輻射會致癌你知道嗎〉[15]，下方的簡介欄這樣敘述：「很多人都有買過一種很高價的『鍺石』手鍊或項鍊，甚至都是送給自己的親人，因為賣家強調這種『鍺石』可以消除疲勞、防電磁波……等等的廣告噱頭。但根據化學教授吳家誠在 2012 年的 7 月 18 日在電視節目中表示：鍺是 32 號元素，它有兩段的 β 射線的放射，長期配戴『鍺類放射性物質』等同照射放射線，就像是一直照 X 光，穿透肌肉、組織『產生變質』甚至『產生癌化』。所以趕快轉告您的親朋好友們，別再佩戴這類的鍺石手

鍊或項鍊了，否則後果不堪想像。」

　　美國的核能管制委員會（Nuclear Regulatory Commission，NRC）發表了一篇文章〈負離子技術──您應該知道的〉[16]，文中提到，聲稱可以增進平衡和力量的「負離子手環」可能含有輻射性的金屬，例如鍺，所以佩戴者在進入美國時會被海關和邊界官員攔截。這類手環的輻射強度雖然不至於會對身體有害，但卻需要取得核子監管委員會的執照才可以製作、分銷和擁有。文末也忠告已經有在佩戴的人拋棄這類手環。

 林教授的科學健康指南

1. 目前沒有科學證據支持磁石治療、鍺鈦金屬能量飾品具有促進血液循環與新陳代謝、減緩肌肉痠痛等醫療效果

2. 磁鐵可能會干擾醫療設備，例如心臟起搏器和胰島素幫浦

3. 配戴含有輻射性的金屬，例如鍺，對於人體可能有潛在危害

1-2

萊威貼片和沃倫勒夫手環，
誇大不實的直銷手法

#直銷、光波貼片、藍銅胜肽、縱波全息芯片、量子能量手環

美商萊威貼片，科學證據薄弱

讀者 Serina 在 2021 年 2 月 8 日用臉書來訊詢問：「您好，常在 FB 看您的文章。最近朋友強力推薦我使用 lifewave 美商萊威的 X39 貼片。我目前用過幾天沒有特別感受，只是朋友說很多人都說貼了以後很有幫助，不知道是因為直銷產品還是真的有療效，想請問您的看法。」一個禮拜後，讀者黃先生也用臉書簡訊寄來這款貼片的網路連結，並且問：「光波能量貼片？偽科學？希望有一天也能看到教授的論述，謝謝。」

我用萊威貼片及 lifewave X39 做搜索，看到的幾乎都是廣告、推銷或見證，這些資訊當然都是大肆吹噓。不管如何，我就選出其中兩條來讓讀者對這款貼片有個初步的認識。

第一條是《中時新聞網》在 2010 年 4 月 23 日刊登的新聞

〈美商萊威，明發表新品光波貼片〉[1]，報導的第二段提到：「美商萊威公司所生產銷售的光波貼片係由公司創辦人大衛史密特所發明。針對現代人因生活型態的改變，亦或年齡的增長，面臨體力不繼、肥胖、睡眠不足、疼痛及體內毒素累積之問題所研發出的產品。大衛史密特表示，人體本來就有完善的自癒系統，萊威的光波貼片係以光波頻率刺激人體穴位，恢復體內電流的自然平衡和協調。」

有一個臉書網頁叫做「萊威 LifeWave X39 光波貼片」，此網頁最上方的文案是「激活你的幹細胞」（ACTIVATE YOUR STEM CELLS）。另一個臉書網頁叫做「LifeWave 萊威 X39 貼片」，其介紹欄裡說：「X39 貼片不是外來幹細胞萃取物注入人體，而是運用高科技訊息光波來喚醒自身的藍銅胜肽去激活自體幹細胞。本產品不具療效。作為運動保養輔助品。」只不過，儘管聲稱「本產品不具療效」，這兩個臉書網頁卻貼出很多療效和見證，例如 2020 年 2 月 10 日就有一則貼文：「『逆齡』不再只是科幻小說，現在可以做到，而 LifeWave 技術正在使這一現實成為現實……」

接下來我到公共醫學圖書館 PubMed 用 lifewave 做搜索，結果查到三篇論文。第一篇是 2005 年〈新型奈米能量貼片對健康個體休息和運動期間心率變異性信號的光譜和非線性動態特

徵的影響〉[2]，發表在一個叫做《會議論文集——醫學與生物學學會 IEEE 工程學》（Conference Proceedings – IEEE Engineering in Medicine and Biology Society）的期刊。這個期刊是由國際電機電子工程師學會（IEEE）發行，但只發行了三年（2004 年至 2006 年）就壽終正寢。不管如何，這篇論文只是在論述要如何測量該貼片的功能，但並沒有實際去做測量，所以也就沒有任何測量結果。

第二篇是 2011 年〈能量貼片對大學越野賽跑運動員基質利用率的影響〉[3]，發表在一個目前還沒有影響因子的期刊《國際運動科學期刊》（International Journal of Exercise Science）。此論文的結論是：根據有關 LifeWave 能量貼片對有氧運動中非蛋白質基質利用率的有限研究，它似乎沒有增強運動表現的好處。

第三篇是 2015 年〈能量提升貼片對皮質醇產生，外周循環和心理因素的影響：一項初步研究〉[4]，發表在一個影響因子僅僅只有 0.3 的期刊《身心醫學的進展》（Advances in Mind-Body Medicine）。此研究真正有意義的實驗只不過是測量二十個人口水裡皮質醇濃度的變化，而結論是使用貼片的人有較多的皮質醇。

也就是說，有關這個貼片，目前勉強只有兩項科學證據：一、它似乎沒有增強運動表現的好處。二、它似乎可增加口水裡的皮質醇。

沃倫勒夫手環，也是智商稅產品

讀者吳小姐在 2023 年 6 月 11 日來信詢問：「林博士您好。最近開始流行沃倫勒夫量子能量手環，這是不是跟萊威貼片一樣也是騙人的？謝謝您。」

沃倫勒夫是翻譯自 WarrensLove，是美國一家公司及其品牌的名稱。而沃倫是一個人的名字，全名是沃倫·翰奇（Warren Hanchey）。根據這間公司的官網，他是該公司的「全球總裁」（Global President）。可是，根據他在職業社交網站 Linkedin 的帳號，他是在特洛伊大學（Troy University）主修會計和商業，獲得學士學位，現職是 Zero Quantum LLC 的研究主任。這個帳號完全沒有提起沃倫勒夫，而 Warrenslove 公司所提供的 Linkedin 連結是無效的。

他的臉書帳號也完全沒有提起沃倫勒夫。在 2023 年 6 月 15 日，他分享了一個反新冠疫苗的影片，而他自己附加上的評論是「疫苗一直是一種金錢遊戲，與健康完全無關」（Vaccines are and have always been a money game and not associated with health at all）。他也在 2023 年 5 月 19 日的貼文裡說，新冠病毒是美國政府研發的生物武器，而中國只是被美國利用背了黑鍋。美國釋放新冠病毒的目的是要讓大藥廠賺錢，結果害死了很多人。

　　沃倫勒夫公司的官網有英文版和繁體中文版，中文版是這麼敘述「公司歷史」：階段一、成功打造第一代潮流手環，率先穩定美國市場。階段二、在美國喬治亞州成立新研究團隊，提供健康知識交流平台，成立創新設計室，促進產學合作。階段三、2021 年 1 月註冊於高雄，作為亞太市場運營中心，結合社交媒體營銷，不受疫情影響，快速拓展高效營銷，新產品迭代，新面孔滿足消費者。階段四、一年內在台灣設立三個正式營業網點，強化市場結構和會員滿意度，確立市場地位，努力成功布局亞太市場。

　　由此可見，公司是要以台灣（高雄）為據點來開拓亞太市場。果不其然，2023 年 5 月沃倫・翰奇本人在台灣召開「全球啟動大會」。所以，台灣對這家公司的重要性，可見一斑。但，谷歌搜索顯示這家公司在美國本土是鮮少人知。在雅虎財經網（Yahoo Finance）搜不到，在亞馬遜購物網也搜不到。我搜到的資訊大約九成是繁體中文的。這就讓我感到很納悶：**為什麼一些名不見經傳的美國產品總是會在台灣搖身一變成為熱門直銷商品呢？**

　　英文版的「公司歷史」，在階段一的敘述跟中文版的很不一樣：成功打造第一代縱波全息芯片，率先穩住美國市場。也就是說，中文版的解說遺漏了非常重要的關鍵詞「縱波全息芯

片」（longitudinal wave holographic chip）。

　　用 longitudinal wave holographic chip 在谷歌搜索，會查到一篇 2014 年發表的論文〈用於片上光譜的全息平面光波電路〉[5]。但是，這篇論文是有關光譜儀的設計，而光譜儀是應用於生物醫學、材料定性和產品質量控制等領域，用同樣的關鍵詞在公共醫學圖書館 PubMed 則搜不到任何論文。

　　不管如何，請注意，「縱波全息芯片」跟讀者吳小姐所說的「量子能量手環」有很大的不同。讀者吳小姐的來信有附上一個影片，其標題裡就有「沃倫勒夫量子能量手環」。蝦皮購物網也有在賣「沃倫勒夫量子手環全新正品全息芯片標量波科技」。但是，沃倫勒夫公司的官網卻沒有「量子」（quantum）這個字。

　　英文的維基百科有一篇「全息手環」（Hologram bracelet）的頁面[6]，而它主要是針對另一家公司 Power Balance 的能量手環。它引用了幾個實驗來指出所謂的能量只不過是安慰劑效應。沃倫勒夫公司的官網是有暗示他們的產品能提升能量、促進健康等等，但並沒有明說。中文的臉書則公然聲稱「負責與 DNA 和細胞間通訊……」以及「調整身體能量平衡、物質平衡、氣血平衡、陰陽平衡、營養平衡」。

　　2023 年 4 月有人在台灣的論壇 Dcard 發問，題目是「沃倫勒夫手環是詐騙嗎？」[7]，其中幾位顯然是大學生。發文者

說：「最近家母被朋友推薦買了一堆這種能量手環。……我實在不想讓我媽變得好像直銷一樣賣來路不明的東西。……但神奇的是我怎麼找都找不到相關的文章可以去佐證這東西有問題……」回應之一是：「我媽現在居然要從台北跑到台中去參加他們所謂的發表會，還說供兩餐，想阻止卻沒用……」回應之二是：「笑死我媽也入坑了，而且還打算介紹朋友一起賺錢。偷聽她講電話內容一堆團隊、老師、什麼量子、甚至還有諾貝爾獎跟 NBA 球員……反正我是勸不動，希望這個破環能上新聞讓我媽清醒清醒。」

啊！回頭來看沃倫‧翰奇所說的「疫苗一直是一種金錢遊戲，與健康完全無關」，不禁聯想到，把「疫苗」改成「沃倫勒夫手環」，是再恰當不過了。

 林教授的科學健康指南

1. 針對萊威貼片所宣傳的效果，證據十分薄弱，目前勉強只有兩項科學證據：一、它似乎沒有增強運動表現的好處。二、它似乎可增加口水裡的皮質醇

2. 沃倫勒夫手環這類所謂的能量手環、全息手環或是量子手環，都是一種智商稅商品，與促進健康完全無關

1-3

Q-Link 無燈銅線燈，量子共振的騙局

SRT、量子共振、免責聲明、安慰劑

Q-Link 無燈銅線燈，效果跟平安符一樣

　　臉書朋友黃先生在 2021 年 4 月 9 日用簡訊寄來一個連結，是在台灣販賣 Q-Link 產品的網頁，它提供的簡介是：「Q-Link是根據史丹佛大學的 Dr. William Tiller 之 Sympathetic Resonator量子諧振理論所研發之劃時代科技產品，與加州大學多位博士歷經二十五年研究成果所研發而成。研究證實生物本身都有其共振頻率，只要活著，你與自己、其他人和整個世界就在能量交換中，與人體生物場相互共振協調能量頻率。當共振頻率是和諧的時候，人的心理、情緒和身體健康是比較強壯的，當生物的能量消耗或受到外在干擾時則會變得疲勞和心智、情緒不穩定。」

　　這段簡介裡提到的威廉・提勒博士（Dr. William Tiller）的確是史丹佛大學的教授，但是，他從未發明什麼「Sympathetic

Resonator 量子諧振理論」。至於「與加州大學多位博士歷經二十五年研究成果所研發而成」，以及「研究證實生物本身都有其共振頻率」，也都沒有具公信力的論文可以支持。

Q-Link 是一家總部設於美國加州，名叫 Clarus Transphase Scientific 公司的產品，而這家公司的網站說 Q-Link 是基於一種他們稱之為 SRT（Sympathetic Resonance Technology）的技術。由此可見，SRT 是這家公司自創的詞彙，也是他們的註冊商標，而不是威廉·提勒博士的理論，也不是生物學或物理學名詞。事實上，威廉·提勒博士有創設一個名為「提勒基金會」（The Tiller Foundation）的網站，但是裡面完全沒有提及 SRT 或 Q-Link。Clarus 這家公司的網頁也完全沒有提到威廉·提勒博士。

其實，Q-Link 的「理論基礎」跟平安符、辟邪鏡、吉祥物或幸運符是一樣的，只不過廠商很聰明地把它設計成一個看起來像是很高科技的墜子，然後又用了什麼量子、共振、電磁波、Wi-Fi 等高科技名詞來做行銷。所以，想要保平安或尋求好運的現代人，尤其是有閒錢的人，就會買來試試看。畢竟，花幾百塊或幾千塊美金就能買個心安，又能顯示財富、時尚，何樂而不為？這也導致了用量子、共振等名詞做行銷的偽科學產品比比皆是。

　　《舊金山紀事報》在 2008 年 6 月 8 日有刊登一篇關於 Q-Link 的報導[1]，文章裡說有很多明星、運動選手都信誓旦旦地聲稱 Q-Link 起到了幫助他們表演、表現的作用。的確，如果你到 Clarus 公司的網站，就會看到一大堆明星和運動選手的相片和見證。

　　所以，顯然這就是 Q-Link 最大的行銷亮點。然而，運動選手為了能贏得比賽，在胸前掛個幸運符是很平常的事，大明星為了能暢銷賣座當然也需要好運。不管如何，《舊金山紀事報》的那篇報導裡，最讓我感興趣的是以下這兩段（中文翻譯合併成一段）：

　　儘管 Clarus 公司的網站上列出了一些關於聲稱的 Q-Link 的效果的獨立研究，但科學證據卻很稀少。Clarus 公司的董事長兼執行長理查・蓋瑞（Richard Gary）說：「我們不能做出任何健康聲明，也不會。這麼做會使公司在一秒鐘之內被關閉。Q-Link 是通過與身體的能量系統，而不是直接在身體的能量系統相互作用來運作。這樣做是在人體的能量系統和身體本身之間提供了更清晰的途徑。」

免責聲明藏玄機， 買產品前應仔細閱讀

事實上，Clarus 的公司網站有這麼一段醫療／健康免責聲明[2]：「Q-Link 產品，Clarus Transphase Scientific 公司，或其獨立分銷商、被許可人、合作夥伴、相關公司或授權轉售商，均未聲明我們的產品是用來預防、治癒、緩解、治療或診斷疾病。您不得依賴本網站的信息來替代醫生或其他專業醫療保健提供者的醫療建議。如果您在醫療或健康方面對使用 Q-Link® 產品有任何特定疑問，例如在懷孕時使用 Q-Link 或有心臟起搏器，則應首先諮詢醫生或其他保健提供者。如果您認為自己可能患有任何疾病，則應立即就醫，並且絕對不要由於本網站上的信息或使用 Q-Link 產品而耽誤就醫，忽視醫囑或停止就醫。」

所以，其實 Clarus 這家公司還算是蠻公開透明地說出 Q-Link 是沒有任何醫療或健康作用的。但是，在台灣販賣 Q-Link 的那個網頁則完全沒有提供這樣的聲明，反而一再強調 Q-Link 對身體（例如腦波、運動耐力、呼吸韻律）或心理（例如情緒）有很多有益的作用。

可以想見，網路上絕大多數有關 Q-Link 的資訊是正面的，畢竟想發 Q-Link 財的人肯定是多過不想賺 Q-Link 錢的人。但是，就我而言，那些不想賺 Q-Link 錢的人所提供的資訊才真的

是有趣。

有一個三十分鐘長的 YouTube 影片〈Q-Link 吊墜深度挖掘和拆解：它是騙局嗎？〉[3]，徹底分析了所有所謂的科學證據，指出它們都是不值得相信的。這個影片甚至拆解了 Q-Link 吊墜，發現裡面竟然只有一捲銅線圈繞著一塊看似塑膠材質的圓片，既沒有晶片，也沒有電池、充電器和 LED 燈泡。所以，在台灣販賣 Q-Link 的那個網頁把它說成「銅線燈」，實在是非常奇怪，畢竟它連燈泡都沒有，也不會發光（銅線倒真的是有）。

有興趣的讀者，可以翻閱本書附錄，看看幾篇相關文章：一、2007 年 5 月 19 日在《衛報》（The Guardian）發表的文章〈神奇的 Qlink 科學吊墜〉[4]；二、2008 年 9 月 25 日在《安德魯威爾醫師》（Dr. Weil）網站發表的文章〈一個保護您健康的吊墜？〉[5]；三、在《懷疑論者字典》（Skeptic's Dictionary）網站發表的文章〈Q-Link〉[6]；四、2007 年 2 月 27 日在《Quackometer》網站發表的文章〈站一旁，我是一個順勢療者！〉[7]。

不管如何，平安、幸福、快樂等等本來就都是主觀感受，所以如果掛個無燈的銅線燈能讓人感覺平安幸福快樂，到底是真科學還是偽科學又有啥關係。

林教授的科學健康指南

1. 「高科技墜子」Q-Link 的理論基礎跟平安符和辟邪鏡是一樣的，只是廠商用了量子、共振、電磁波、Wi-Fi 等高科技名詞來行銷而已

2. 用量子、共振等名詞做行銷，實際上欠缺證據支持的偽科學產品比比皆是，從免責聲明中可見端倪。舉例來說，Q-Link 的公司網站就有這麼一段文字：「如果您認為自己可能患有任何疾病，則應立即就醫，並且絕對不要由於本網站上的信息或使用 Q-Link 產品而耽誤就醫，忽視醫囑或停止就醫。」

把毒素吃下肚？
保鮮膜與烘焙紙的謠言破解

#冷藏、細菌、PVC、PVDC、矽油、PDMS

用保鮮膜冷藏食物，對健康有害嗎？

臉書朋友 Esther 在 2023 年 9 月 23 日用簡訊問我：「用保鮮膜來包裹要冷藏的食物是不是有害？」我才發現，之所以會有「保鮮膜包裹食物冷藏有害」這個論調，主要是因為網路上流傳著一則謠言。

原來，謠言的源頭是香港明報旗下的《明醫網》在 2013 年 6 月 21 日發表的文章〈西瓜冷藏半天細菌猛增，吃前應去掉表面一釐米〉[1]：「食品安全專家認為，使用保鮮膜保存的西瓜比不用保鮮膜的反而壞得更快。因為，西瓜在蓋保鮮膜之前，其表面存在細菌和微生物，如果保鮮膜的透氣透水功能不好，溫度下降慢，就會導致這些微生物或細菌繁殖得更快，特別是產生厭氧反應後食物就很容易變質。」

　　這則謠言在過去十多年裡被台灣和中國的媒體以及所謂的專家一再加以渲染，例如《台視新聞網》在 2022 年 6 月 30 日刊登的報導〈別把細菌吃下肚！吃西瓜三地雷行為恐食物中毒〉[2]：「要吃的時候，也最好切掉表面『兩公分』左右，避免把細菌吃下肚；護理師譚敦慈也提醒，有些人習慣一張保鮮膜用到底……這些情況都非常容易孳生細菌。」

　　《今周刊》也在 2022 年 7 月 1 日刊登報導〈「隔夜西瓜」滿滿細菌直送嘴裡……一家三口送醫、童險死。三地雷別犯！譚敦慈：買回來先切掉一部位〉[3]：「《TVBS》報導指出，長庚醫院護理師譚敦慈表示，通常從外面買回來的西瓜上頭都會覆蓋保鮮膜，……。」然而，**事實上，外面買回來切好的水果本身就有風險，而不是因為覆蓋保鮮膜。**

　　針對這則謠言，其實很多平台早已做出澄清，例如《福音站》在 2015 年 8 月 7 日發表的文章〈流言揭秘：吃覆蓋保鮮膜的西瓜可致命？〉[4]：「針對網上『吃覆蓋保鮮膜的西瓜險些喪命』這則新聞，中國農業大學食品科學與營養工程學院副教授范志紅認為，僅僅因為食用包裹了保鮮膜的西瓜就將保鮮膜認作『元凶』未免有些草率。……2013 年，就有媒體曾通過實驗發現，採用保鮮膜處理的西瓜上的細菌比未用保鮮膜處理的西瓜上的細菌多出了將近十倍。很多網友們看到實驗數據後，也

紛紛表示，『以後再也不用保鮮膜覆蓋西瓜冷藏了！』在范志紅看來，該實驗存在諸多不嚴謹的地方，因此實驗意義並不大。比如，日常生活中，冰箱中儲存有各式各樣的水果、蔬菜等，而保鮮膜最重要的作用是防止西瓜在冰箱中與其他食物進行交叉汙染，但『實驗中並沒有將生活中真實的情況模擬出來』。此外，實驗中覆蓋在西瓜上的保鮮膜以及刀、砧板是否被汙染過也會影響實驗的準確性。」

《元氣網》也在 2018 年 7 月 24 日發表文章〈保鮮膜包西瓜會讓細菌更多？如何正確保存西瓜？〉[5]：「中山醫學大學營養學系教授王進崑表示，……蓋上保鮮膜的西瓜反而比沒蓋的更容易滋生細菌，推測是在處理過程中接觸到刀具上的細菌，或是保鮮膜破損、無法完全隔絕外來細菌所導致，而非保鮮膜本身問題。況且，不蓋上保鮮膜，使西瓜直接暴露在冰箱中，與其他食品混雜在一起，細菌量只會更多。」

《上海闢謠平台》也在 2020 年 5 月 3 日發表文章〈謠言：西瓜用保鮮膜，細菌含量會升高〉[6]：「其實實驗的嚴謹性已經遭到很多專家的質疑……。中科院能源研究所微生物實驗室嚴謹的實驗結果表明八小時內，冷藏覆膜，冷藏不覆膜與室溫覆膜，室溫不覆膜的西瓜細菌數量沒有較大差異並且細菌數量很少。」

要小心塑膠製品，但無須過度恐慌

有一篇在 2019 年 8 月 5 日發表的論文〈對塑料消費品的體外毒性和化學成分進行基準測試〉[7]，這項研究測試了八大類共三十四款塑膠產品（瓶罐，袋子），結果發現其中二十五款呈現至少一種毒性反應。在這八大類塑膠裡，聚氯乙烯（polyvinyl chloride，PVC）和聚氨酯（polyurethane，PUR）具有最高的毒性，而聚對苯二甲酸乙二酯（polyethylene Terephthalate，PET）和高密度聚乙烯（high-density polyethylene，HDPE）則沒有毒性或毒性很小。至於低密度聚乙烯（low-density polyethylene，LDPE）、聚苯乙烯（polystyrene，PS）和聚丙烯（polypropylene，PP），它們在有些方面呈現高毒性，但在其他方面則呈現低毒性。比較令人詫異的是所謂的「生物塑料」（bioplastics），即聚乳酸（polylactic acid，PLA），竟然有高毒性。

冷凍食品所用的塑膠袋通常是 LDPE 材質，但是不同品牌會含有不同程度的其他成分，所以無法一概而論。而 PVC 或 PVDC（類似 PVC）是很多保鮮膜品牌的材質，這類保鮮膜也的確有被用來包裹食物（冷藏或冷凍），所以這才是需要擔心的。值得注意的是，Saran 品牌的保鮮膜原來的材質是 PVDC，但現在已改成 LDPE。可是呢，PVDC 的保鮮度比 LDPE 好，所以市

面上大多是用 PVDC 保鮮膜。綜上所述，我的看法是，塑膠袋裝冷凍食物是否安全，無法一概而論，但是保鮮膜包裹冷凍食物則有較肯定的危險性。

毒性的鑑定（例如上面引用的論文）通常是根據化學分析或針對細菌或細胞產生的作用，而這樣的結果是否適用於人，實在很難說。所以，有關塑膠品的安全性，總是小心為上，但無須恐慌。

至於保鮮膜的安全性，我在搜索相關資訊時，搜到南亞塑膠的官網有列出「南亞保鮮膜」的產品資訊[8]，它說此產品是符合中華民國食品包裝衛生標準的 PVC 保鮮膜，主要為家庭用食品之冷藏、冷凍等用途包裝。在 U.S. Packaging & Wrapping LLC 這間公司的官網也有〈保鮮膜 101〉[9]，指出保鮮膜可以用來包裹要冷凍保存的食物。但是它有特別提到，工業用的保鮮膜不可以用來包裹食物。

總之，**市面上合法販賣的食品級保鮮膜都可以用來包裹要冷藏或冷凍保存的食物。**當然，縱然是有保鮮膜保護，冷藏或冷凍的食物還是會逐漸失去新鮮度。只不過，我們不應該像那則西瓜謠言一樣，把錯怪給保鮮膜。

用烘焙紙烤食物，吃下去安全嗎？

我在網站發表了使用保鮮膜冷藏食物的相關文章後，讀者 HSU 當天留言：「請問烘焙紙（baking paper）的安全性？材質說明是寫『食品級矽油紙』，烘焙的溫度通常很高，或是用來包覆冷凍肉品。感謝！」

我在谷歌搜索 baking paper 時，搜出來的資訊幾乎全都是關於 parchment paper，而這個詞幾乎出現在所有的標題裡。出於好奇，我就用谷歌翻譯 parchment paper，翻出來的竟然是「羊皮紙」。幾經折騰後我終於搞清楚，parchment 才真的是供書寫用的「羊皮紙」，而 parchment paper 則是供烘焙用的「烘焙紙」。parchment paper 跟 baking paper 互相通用，但美國人幾乎都是用 parchment paper。

我在谷歌搜到的資訊絕大多數說烘焙紙是安全，但也有說不安全的，例如這篇文章〈為什麼我放棄未漂白的烘焙紙和烘焙杯〉[10]。但是，它所列舉的不安全的理由是非常牽強，可以說是欲加之罪何患無辭。標題裡的「未漂白的」（unbleached），指的是用來製作烘焙紙的木材沒有經過漂白（「未漂白的」烘焙紙是黃褐色，而「漂白的」則是白色）。有些資訊就認為「未漂白的」是安全，而「漂白的」是不安全，但縱然是這一點也是各

說各話，莫衷一是。

　　讀者 HSU 提問裡的「食品級矽油紙」，指的是用矽油作為塗層的烘焙紙。用 parchment paper 在公共醫學圖書館 PubMed 搜索，會搜到兩篇相關論文，而它們都是出自同一研究團隊。一、2015 年論文〈透過即時質譜直接分析檢測烘焙食品中從矽橡膠中提取的聚二甲基矽氧烷〉[11]：柔性烘焙模具和其他家用器具由聚二甲基矽氧烷（PDMS，也稱為矽橡膠）製成。PDMS 在與脂肪長時間接觸時容易釋放低聚物，例如在烘烤麵團的過程中。二、2016 年論文〈使用即時質譜直接分析檢測從塗有有機矽的烘焙紙轉移到烘焙食品的聚二甲基矽氧烷〉[12]：烘焙紙的不黏特性是透過聚二甲基矽氧烷（PDMS）塗層來實現的。因此，在烘焙過程中，PDMS 可以從塗有有機矽的烘焙紙釋出到烘焙食品中。

　　在這兩篇論文標題裡提到的「聚二甲基矽氧烷」（polydimethylsiloxane）就是俗稱的「矽油」（silicone liquid），而它就是用來為烘焙紙提供不黏性的化學塗層。這兩篇論文當然都是擔心釋出到食物的 PDMS 可能對健康有害，但是**截至目前為止，沒有實驗（細胞、動物、人類）顯示 PDMS 對人體健康有害。**

　　PDMS 的用途非常廣泛，包括用來作為人眼玻璃體的替代

品，請看 2022 年發表的論文〈由低級 D4 單體合成的 PDMS 作為人眼玻璃體替代品的物理特性和體外毒性測試〉[13]。這篇論文一開始就說：「PDMS 是最優質的材料之一，通常用於取代玻璃體視網膜手術中損壞的人眼玻璃體。」由此可見，PDMS 是安全的。當然，我知道，放進眼睛跟吃進肚子不一樣，但是，絕大多數我所看過的資訊都認為，用烘焙紙烤出來的食物對健康無害。

 林教授的科學健康指南

1. 「保鮮膜包裹食物冷藏有害」是由媒體一再渲染而形成的謠言，市面上合法販賣的食品級保鮮膜都可以用來包裹要冷藏或冷凍保存的食物

2. 矽油（silicone liquid，PDSM）是用來為烘焙紙提供不黏性的化學塗層，而絕大多數我所看過的資訊都認為，用烘焙紙烤出來的食物對人體健康無害

1-5

防蚊液 DEET 和派卡瑞丁的成分探討

picaridin、派卡瑞丁、KBR 3023、DEET、敵避

　　臉書朋友 Arquic Wang 在 2023 年 5 月 3 日用簡訊詢問:「林教授您好,想請教有關防蚊液的問題。許多廠商會因 DEET 氣味重、非天然,而做出有害人體、導致癌症的論斷,甚至強烈註明孕婦及幼兒應該避用。這成分真的有這麼危險嗎?目前市面上還看到另一種非天然成分『派卡瑞汀』,據說使用上相當於 DEET,不過較溫和,所以幼童可用,但不似 DEET 還可以防跳蚤、扁蝨,這種說法是可信的嗎?還是防蚊液本就也有防蟲的功效?還煩請林教授百忙之中撥冗釋疑,謝謝。」

防蚊液 DEET:兒童和孕婦的使用須知

　　有關 DEET 的整體安全性,我們先來看一篇 2008 年發表的論文〈驅蟲劑 DEET 和派卡瑞丁的風險評估〉[1],其結論是:我

們發現這些外用驅蟲劑的正常使用沒有顯著的毒理學風險。

有關 DEET 是否可以用於兒童，我們來看美國疾病控制及預防中心（CDC）發表的〈對抗叮咬以預防瘧疾：DEET 驅蟲劑使用指南〉[2]：含有 DEET 的驅蟲劑可提供最佳的防蚊蟲叮咬保護。**DEET 設計用於直接塗抹在皮膚上以驅除昆蟲，而不是殺了昆蟲。如果遵循標籤說明，使用含有 DEET 的驅蟲劑應該不會有害。**在極少數情況下，使用 DEET 產品可能會引起皮疹。使用 DEET 應注意：一、不要讓十歲以下的兒童自己使用。二、不要塗在幼兒的手上或眼睛和嘴巴周圍。三、不要吸入、吞嚥或進入眼睛（吞嚥 DEET 會中毒）。四、不要塗在傷口或破損的皮膚上。

有關 DEET 是否可以用於孕婦，我們來看一篇 2021 年發表的論文〈DEET〉[3]：

我剛剛發現我懷孕了，我應該停止使用 DEET 嗎？

在懷孕期間使用 DEET 的好處可能超過任何可能的風險。在皮膚或衣服上正確使用 DEET 可防止 90% 的蚊蟲叮咬和壁蝨附著物。DEET 是抵禦攜帶瘧疾、萊姆病、登革熱、黃熱病、茲卡病毒和西尼羅病毒的蚊子和蜱蟲的最有效保護劑。懷孕期間的任何這些疾病都可能對發育中的嬰兒產生有害影響。

使用 DEET 會增加流產的機會嗎？

任何妊娠都可能發生流產。尚未進行研究以確定 DEET 是否會增加流產的機率。

使用 DEET 會增加先天缺陷的機率嗎？

每次懷孕開始時都有 3% 至 5% 的機率出現出生缺陷，這稱為背景風險。根據所審查的研究，預計接觸 DEET 不會增加出生缺陷的機率，使其高於背景風險。大多數針對懷孕動物的研究並未發現出生缺陷的增加，即使接觸高水平的 DEET 也是如此。一項人體研究表明，尿道下裂（一種先天性缺陷，陰莖開口位於下側而不是尖端）在懷孕早期接觸過驅蟲劑的男性中更為常見。然而，研究人員在孩子出生後二至六年詢問研究參與者懷孕期間的暴露情況，這使得這項研究的可靠性很低，因為在那麼久之後很難記住暴露情況。有案例報告描述了一個人在懷孕期間使用 DEET 後出現不良妊娠結果，但這些報告並不能證明接觸 DEET 會導致不良結果。

在懷孕期間使用 DEET 會增加其他懷孕相關問題的機會嗎？

如果按照建議使用，DEET 預計不會導致其他與懷孕有關的問題，例如早產或低出生體重。一些研究考察了包括 DEET 在內

的殺蟲劑對人類妊娠出生體重的可能影響。這些研究人員在嬰兒出生後測試了臍帶血中的殺蟲劑水平，他們沒有發現 DEET 與低出生體重之間存在關聯。

派卡瑞汀：有效的新型驅蟲成分

有關「派卡瑞汀不似 DEET 還可以防跳蚤、扁蟲」，我需要先說「扁蟲」應該是錯誤的，因為「扁蟲」並不是昆蟲。至於跳蚤，目前還沒有派卡瑞丁防跳蚤的研究。不過根據美國的「國立農藥資訊中心」（National Pesticide Information Center，NPIC）所發表的文章〈派卡瑞丁〉[4]，它是可以驅除昆蟲、蜱蟲和恙蟎。所以，派卡瑞丁能夠驅除多種昆蟲，其中也許就包括跳蚤。

有關 DEET 和派卡瑞丁之間的選擇，我們來看兩篇論文。第一篇是 2013 年的論文〈驅蟲劑和接觸性蕁麻疹：對 DEET 和派卡瑞丁的不同反應〉[5]，其結論是：對於對含有 DEET 的產品表現出敏感性的患者，含有派卡瑞丁的驅蟲劑可能是可接受的替代品。第二篇是 2022 年的論文〈驅蚊劑：在中國商業皮膚應用產品的功效測試〉[6]，在選定的二十六種產品中，只有十七種驅蟲劑表現出驅避性，而最好的是 Green Jungle（15% DEET）。它的結論是：強烈推薦 DEET 給消費者。

　　最後，我們來看兩個醫療機構提供的訊息。第一個是美國密西西比州衛生部（Mississippi State Department of Health）發表的〈驅蚊劑：類型和建議〉[7]：派卡瑞丁，也稱為 KBR 3023，是 DEET 產品的有效替代品，可提供持久的防蚊蟲叮咬保護，相當於約 10% 濃度的 DEET。這種驅蟲劑自 1998 年以來一直在全球範圍內使用。與 DEET 相比，派卡瑞丁幾乎無味，不會引起皮膚刺激，對塑料也沒有不良影響。另一個是墨爾本皇家兒童醫院（The Royal Children's Hospital Melbourne）發表的〈驅蟲劑：安全使用指南〉[8]：派卡瑞丁是一種較新的驅蟲成分，與 DEET 相比無味且黏性較低。使用起來可能更舒適，並且不會溶解塑料。**研究發現派卡瑞丁與 DEET 一樣有效；但是，它不會持久，需要更頻繁地重新塗抹。在大多數情況下，含有 10% 派卡瑞丁的產品可以防止蚊蟲叮咬。**

 林教授的科學健康指南

1. 目前還沒有研究證明接觸驅蟲成分 DEET 會對兒童或孕婦導致不良影響，但使用時仍應遵循標籤說明，不要塗在幼兒的手上或眼睛和嘴巴周圍

2. 根據醫療機構提供的訊息，與 DEET 相比，派卡瑞丁幾乎無味，不會引起皮膚刺激，並且不會溶解塑料，是 DEET 的有效替代品

1-6

油漆甲醛與光觸媒的安全性分析

#水性漆、礦物塗料、甲醛釋出量、空氣淨化器、二氧化鈦

油漆釋出的甲醛對健康有害嗎？

　　讀者許自呈在 2019 年 10 月 14 日來信詢問：「林教授您好，我和家人都是您的忠實讀者，希望我們的感激之情能是您持續闢謠、還原真相的動力。現今的許多商品，不只是保健品，其推廣販賣往往都是建立在人心的恐懼之上，但並無真正的科學根據。最近家裡蓋房子，設計師建議使用零甲醛的礦物塗料而非一般油漆，也有業者表示油漆的甲醛會持續釋放八至十年。不曉得一般油漆釋放出的甲醛濃度是否真會傷害人體？台灣的甲醛標準是否訂得過低？畢竟，毒不毒還是要看濃度和數量。還請教授百忙之中抽空回應。感激不盡！」

　　首先，謝謝許先生及家人的支持與肯定。再來，我需要解釋油漆為什麼會有甲醛，而「零甲醛的礦物塗料」為什麼會沒有甲醛。我們所謂的「油漆」其實是包括了油性漆和水性漆兩

大類。水性漆含有有機物質（如樹脂、乳膠），所以需要添加甲醛來防止細菌和黴菌的滋生。至於「零甲醛礦物塗料」，它的主要成分是萃取自天然礦石，而其溶劑也是無機物質，所以就沒有必要用甲醛來抑制微生物的生長。但是，可想而知，礦物塗料一定是比較貴，否則為何需要揪心做選擇。

　　甲醛在空氣中的濃度越高，對人體的影響也就越大。在低濃度時，有些人會聞到異味而感覺不適；在較高濃度時，有些人的眼睛就會受到刺激而流淚。可是，到底什麼才是安全濃度，目前世界各國以及世界衛生組織並沒有統一的標準。就因為如此，有一篇 2011 年發表的論文〈根據刺激性和癌症危害的考量來確定室內空氣中甲醛暴露的限度〉[1] 試圖要建立這麼一個標準，而此文的結論是：

　　儘管每個人對氣味和眼睛刺激的敏感性有所不同，但是大多數有關甲醛文獻的權威評論都得出這樣的結論：一、在 0.3ppm 以下，幾乎所有人的眼睛都不會受到刺激。二、在 0.1ppm 以下，縱然是特別敏感的個體都不會受到刺激或有任何潛在的癌症風險。

　　也就是說，這篇論文將 0.1ppm 定為安全標準。也許是受到

這篇論文的影響（純屬我個人臆測），台灣經濟部標準檢驗局在2015年10月1日施行新的「甲醛釋出量」標準。根據其所訂定的「水性水泥漆及乳化塑膠漆商品檢驗標準」[2]，**甲醛釋出量須為0.12mg/L（相當於0.1ppm）以下**。而該局在2016年8月間於高雄地區隨機購買九件水性水泥漆商品進行檢測，結果發現「甲醛釋出量」都合乎此一標準[3]。由此推理，在台灣販售的水性水泥漆所釋放的甲醛量，應當不至於會對健康造成危害。如果讀者還是不放心，那就選擇礦物塗料吧。

　　順帶一提，很多人也擔心建築材料裡的甲醛。**只不過，甲醛含量越低，建材就越容易受到蛀蟲的侵襲。所以，您必須在這兩種可能的風險之間做出選擇（就只是風險）──您的健康，還是您房子的健康。**根據經濟部標準檢驗局的建議，消費者在購買及使用油漆與人造木製板材時，應注意下列事項：一、選購時，請注意油漆、人造木製板材本體是否有烙印或貼附「商品檢驗標識」。二、當感受到油漆、人造木製板材會刺眼或刺鼻時，應立即回避。三、新房屋或房屋完成裝潢後，應保持通風良好，以降低甲醛可能的危害。

「水性水泥漆（乳膠漆）」商品檢驗標識圖例

防曬防腐的二氧化鈦光觸媒會致癌嗎？

讀者 Sea 在 2023 年 2 月 8 日來信詢問：「想知道光觸媒的安全性，有些油漆使用了光觸媒，有些空氣淨化器也是用光觸媒來分解甲醛或細菌。一般光觸媒需要紫外光，有些產品宣傳用藍光來照射光觸媒，比紫外線會產生臭氧更安全。光觸媒一般會用的二氧化鈦也想知道它的安全性，因為看到了『歐盟將經吸入途徑的二氧化鈦列為第 2 類致癌物』開始擔心。」

這位讀者所說的沒錯，的確是有幾款空氣淨化器聲稱「可殺滅 COVID-19 冠狀病毒‧安全無臭氧‧採用最新可見藍光光觸媒殺菌技術」或「可見藍光光觸媒技術：根除黴菌、細菌和病毒，去除有害物質、非紫外線、無臭氧」。可是，**就我所看到的科學論文而言，「藍光光觸媒技術」目前還只是在實驗性的階段**，所以我對上述空氣淨化器的聲稱，抱持懷疑。

我看到的論文是 2022 年 7 月 22 日發表的〈可見藍光在臨床醫學和公共衛生中的殺菌潛力〉[4]，其中有這麼一段：「2017 年的一項研究將可見藍光應用於室內空氣汙染問題，專門旨在降解可能對健康有害的氣態甲醛。研究人員首先合成了一種摻雜了 W、Ag、N 和 F 元素的二氧化鈦光催化劑，使其在可見光波長範圍內具有光催化活性，然後將光催化劑與甲醛在試管反應器中結合，

然後暴露在可見藍光下。在該實驗裝置下，觀察到組合的多元素摻雜二氧化鈦是最有效的催化劑，氣態甲醛的光催化降解率為88.1%。這項研究的結果表明，可見藍光與光催化劑結合用於淨化空氣具有潛在的前景。」這段話裡所引用的 2017 年論文是〈用多元素摻雜的二氧化鈦奈米粒子來進行可見光催化降解氣態甲醛〉。

至於這位讀者所說的「歐盟將經吸入途徑的二氧化鈦列為第 2 類致癌物」，我們來看一篇 2022 年發表的綜述論文〈二氧化鈦：結構、影響和毒性〉[6]。其中的兩段是：

二十世紀後期關於二氧化鈦毒性的論文揭示了吸入這種礦物質的細顆粒與胸膜疾病的出現之間的相關性，尤其是在製造工廠接觸二氧化鈦的工人中。目前，二氧化鈦被國際癌症研究機構（International Agency for Research on Cancer，IARC）列為2B 級致癌物，相當於「可能對人類致癌」。這種分類也意味著還需要進一步的研究以充分確定其細胞毒性和遺傳毒性潛力。

迄今為止，關於人體肺部暴露於奈米二氧化鈦的持續時間和隨之而來的影響的數據不足以做出相關的科學關聯。因此，從囓齒動物研究中推斷出的結果，在嚴格控制參數的情況下，並不能代表對奈米二氧化鈦在人類呼吸系統中的毒性的準確評估。

　　事實上二氧化鈦並不只是被應用於作為空氣淨化的光觸媒，同時是多款品牌防曬膏的主要成分，也是食品界廣泛應用的防腐劑。所以，網路上可以看到很多警告的資訊，而這篇綜述論文也詳細討論了二氧化鈦在這方面的潛在毒性。

 林教授的科學健康指南

1. 水性漆含有有機物質，所以需要添加甲醛來防止細菌和黴菌的滋生。若對於水性漆中的甲醛不放心，可以選擇較貴的「零甲醛礦物塗料」

2. 甲醛在空氣中的濃度越高，對人體的影響也就越大。但什麼才是安全濃度，目前世界各國以及世界衛生組織並沒有統一的標準

3. 建築材料添加甲醛是為了避免受到蛀蟲的侵襲。房屋剛完成裝潢後，應保持通風，以降低甲醛可能的危害

4. 目前，二氧化鈦被國際癌症研究機構（IARC）列為 2B 級致癌物，相當於「可能對人類致癌」。這種分類也意味著還需要進一步的研究以充分確定其細胞毒性和遺傳毒性潛力

1-7

鹵素燈和 LED 藍光有害？科學調查

#燈管式電熱器、紫外線、皮膚癌、螢幕背光、手機

鹵素燈／碳素燈電熱器會讓人曬黑並導致皮膚癌？

讀者 Jack Liu 在 2024 年 1 月 4 日詢問：「教授您好，請問冬天室內用鹵素燈電熱器和碳素燈電熱器，皮膚照久了會有曬黑和皮膚癌的風險嗎？網路搜尋的結果是，早期的資料有醫生說會有風險，近幾年新一點的資料卻說不會。謝謝。」

電熱器的類型繁多，而鹵素燈（管）和碳素燈（管）都是屬於「燈管式」電熱器。另一種也是屬於「燈管式」電熱器的是石英管。在產品的演化過程裡，石英電熱器（quartz heater）是最早出現，鹵素電熱器（halogen heater）其次，而碳素電熱器（carbon [fiber] heater）則是最新。但這並不表示石英被鹵素取代了，然後鹵素再被碳素取代了。事實上，石英是燈管外殼的材質，鹵素是填充在燈管裡的氣體，而碳素是燈絲（燈束）的

材質，所以這樣的演化是跟取代無關。

大家都知道，傳統的燈泡除了會發光之外還會發熱，而這就是燈管式電熱器的基本原理。事實上，就是因為傳統的燈泡會把絕大部分（95%）的能源浪費在發熱（也就是我們肉眼看不到的紅外光），所以它們現在才會被淘汰。取而代之的 LED 燈泡是將所有能源都用於發光，不會發熱（不會釋放紅外線）。

大家也都知道，傳統燈泡之所以會發光發熱，是電流通過燈絲（鎢絲）而造成的。石英電熱器也是利用電流通過鎢絲來產生熱（當然也產生光），只不過，石英管的外殼是石英而不是玻璃（石英較耐高溫）。

不管外殼是玻璃或石英，高溫都是會造成鎢絲蒸發（鎢是一種化學元素，W 是其代號），而蒸發的鎢元素就會沉積在燈泡或燈管的內面，使其變黑。溫度越高，變黑速度就越快，而鎢絲的壽命也就越短。

為了解決鎢絲蒸發這個問題，鹵素（例如碘或溴）就被填充進石英管裡。鹵素會跟被蒸發出來的鎢元素結合，然後將鎢元素回歸到高溫的鎢絲，從而形成所謂的鹵素循環（halogen cycle）。如此，添加了鹵素後，鎢絲就可以對抗更高的溫度，從而產生更亮的光芒和更高的熱能（紅外線）。

添加了鹵素的石英管，如果是用於照明，就叫做鹵素燈，

如果是用於產生熱，就叫做鹵素電熱器。當然，由於發光並不是電熱器必需的功能，所以鹵素電熱器在設計上會盡量避免釋放光芒，例如用特殊處理的石英（doped quartz）。**鹵素燈的確是會釋放微量的紫外線（也是肉眼看不到），所以如果是被直接照射到，的確是有曬黑和致癌的風險。但是，就像避免釋放光芒一樣，鹵素電熱器在設計上也是會盡量避免釋放紫外線。所以，只要不是近距離和長時間暴露，使用者不需要太擔心會被鹵素電熱器曬黑或致癌。**

跟「鹵素燈」對比，「碳素燈」很容易被誤會成「添加了碳素的燈」，但事實上碳素燈跟碳素毫不相干。更進一步來說，碳素燈根本就不是燈（因為亮度不夠），而是純粹用來產生熱能（紅外線）。事實上，比較不會產生誤會的名稱應該是「碳纖維燈」，或更恰當的「碳纖維電熱器」。

簡單地說，碳纖維電熱器就是把石英電熱器裡的鎢絲調換成碳纖維的電熱器。而由於通電之後的碳纖維幾乎只會產生紅外光（很少或完全沒有可見光，當然也完全沒有紫外線），所以碳纖維電熱器肯定是沒有曬黑或致癌的風險。

總而言之，鹵素電熱器是有一點點曬黑或致癌的風險，但碳纖維電熱器則完全沒有。

LED 照明和手機的藍光對視力有害嗎？

上一段文章發表後，隔天臉書朋友賈小姐留言：「據說 5700K 到 6500K 的白光 LED 照明，接近藍光，對視力有害，請問是否為真？台灣濕熱，偏好冷調光源，清爽明亮，對視力不好的人起居閱讀更輕鬆，故深感疑慮，請教授解謎。」

留言裡的數字「5700K 到 6500K」是「色溫」的數值。色溫數值越大，藍光的成分就越高，而健康風險的擔憂也就會越強烈。5700K 到 6500K 是白光的色溫數值範圍。較小的數值，例如 4000K 左右是自然光，而 3000K 左右則是黃光。白光明亮，所以通常是用於教室、辦公室、廠房等需要提神的照明。黃光柔和，所以通常是用於家庭（尤其是臥室）、休憩場所等需要放鬆的照明。自然光當然就是介乎白光和黃光之間，辦公居家兩相宜。

LED 藍光也被用於電腦、手機、電視等電子產品的螢幕背光（screen backlight）。我曾經寫文討論「手機藍光會不會傷害眼睛」，文章中提到：「蘋果手機的最高亮度是每平方公尺 625 燭光，一般商店裡燈光的亮度是它的兩倍，而一般白天裡陽光的亮度是它的十倍以上。**也就是說你去逛百貨公司，或是在百貨公司上班，所被照射到的藍光，都遠遠超過手機的藍光。所**

以，就對眼睛的傷害而言，手機的藍光是微不足道的，甚至於可以說是不存在的。」

　　有關藍光是否會傷害眼睛，我們來看一篇 2023 年 4 月發表的綜述論文〈藍光暴露：眼睛危害和預防——敘述回顧〉[1]。這篇論文的十一名作者是來自十個歐美國家的醫生、教授、專家，而他們所回顧的文獻是所有跟藍光與眼睛相關的英文論文，所以是非常值得參考的。我把文摘翻譯如下：

　　介紹：自從發光二極管（LED）的出現以及近年來富含藍光的數位器具的普及以來，我們的環境中接觸藍光的情況嚴重增加，這引發了一些關於其對眼睛健康潛在有害影響的問題。這篇敘述性評論的目的是提供藍光對眼部影響的最新信息，並討論保護和預防潛在藍光引起的眼部損傷的方法的有效性。

　　方法：在 PubMed、Medline 和 Google Scholar 資料庫中檢索相關英文文章，直至 2022 年 12 月。

　　結果：藍光照射會引起大多數眼組織的光化學反應，特別是角膜、水晶體和視網膜。體外和體內研究表明，某些藍光暴露（取決於波長或強度）會對眼睛的某些結構（尤其是視網膜）造成暫時或永久性損傷。然而，目前沒有證據表明螢幕使用和正常使用的 LED 對人類視網膜有害。在保護方面，目前沒有

證據顯示防藍光鏡片對預防眼部疾病，特別是老年黃斑部病變（AMD）有益。在人類中，黃斑色素（由葉黃素和玉米黃質組成）代表著過濾藍光的天然保護作用，並且可以透過增加食物或食品補充劑的攝取量來增加。這些營養素可降低 AMD 和白內障的風險。維生素 C、E 或鋅等抗氧化劑也可能透過防止氧化壓力來預防光化學眼損傷。

結論：目前，沒有證據表明在家庭強度等級或螢幕器具中正常使用的 LED 對人眼具有視網膜毒性。然而，長期累積暴露的潛在毒性和劑量反應效應目前尚不清楚。

從這個結論可以看出，目前的證據是，在「正常」使用的情況下，不論是用於照明或作為螢幕背光，LED 藍光都不會對眼睛造成損傷。這篇論文發表後不久，有一個埃及的研究團隊寫信給期刊編輯，表示不同意螢幕背光無害的說法。所以，論文的作者又發表了一篇回覆的文章[2]，其中比較值得分享給讀者的是這幾句話：

我們同意，螢幕暴露會導致視覺症候群，例如視力模糊、眼睛乾澀、頭痛，但這主要是由於螢幕使用不當造成的（不是由於 LED 藍光），例如在黑暗中閱讀、幾個小時不休息、不確

保在這些螢幕上閱讀的距離或角度、閱讀長文件時螢幕尺寸過大、亮度過高和不佳的視力矯正。

我們在論文中報告了當受試者長時間看電子設備時，有關適當的人體工學和環境問題的建議。第一個是「20-20-20」規則：每二十分鐘，個人應至少暫停一次二十秒，將眼睛聚焦在二十英尺（約六公尺）以外的物體上。第二個是眼睛到螢幕的距離：人們應該坐在距離電腦螢幕約六十三公分的位置（螢幕應稍微向下傾斜）。最後一個涉及反射和亮度：應盡可能減少螢幕反射，並確保數位螢幕不會比周圍的光線更亮。

 林教授的科學健康指南

1. 鹵素電熱器是有一點點曬黑或致癌的風險，但碳纖維電熱器則完全沒有

2. 與太陽光和商店燈光相比，手機的藍光對眼睛的傷害是微不足道的，甚至於可以說是不存在的

3. 螢幕暴露會導致視覺症候群，例如視力模糊、眼睛乾澀、頭痛，但這不是由於 LED 藍光，主要是由於螢幕使用不當造成的

1-8

陶瓷不沾鍋和牙線的疑慮：再論鐵氟龍

不沾鍋、PFAS、Xtrema 塗層、PFOA、GenX、PTFE

現在的不沾鍋比以前毒七倍？網紅的恐怖行銷

　　讀者 max 在 2023 年 4 月 2 日詢問：「林教授您好，最近跟老婆爭論有關不沾鍋的安全性，起因是看到某 YouTuber 的影片，大意是說不沾鍋或多或少會釋出 PFAS 危害人體，而不沾鍋廠商只會在化學結構上做些微改變來躲避法規。查了一下近期新聞，歐盟四國及挪威說要同步禁用 PFAS，甚至行政院也發表一篇轉載文章〈不等歐盟了，丹麥率先宣布食品包裝禁用 PFAS〉，提到 PFAS 化學品與人類的一系列健康風險有關。各國政府機關不斷禁止 PFAS，真讓我們擔憂不沾鍋是否也有所謂健康上的風險？再麻煩林教授解惑，感激不盡。」

　　首先，希望各位讀者能瞭解，YouTuber 之類的網紅為了吸引點擊，所採用的手段之一就是「恐怖行銷」。例如一位叫做「阿 X 博士」的人，我曾寫文評論過她的影片，收錄在《健康

諺言與它們的產地》85 頁。她在 2021 年 10 月 28 日的臉書貼文裡附了一張圖片，上面寫著：「PFOA free，卻毒七倍！現在的不沾鍋比以前還要毒！」可是，如果真如她所說的「美國環保署 EPA 本週公布了現在不沾鍋原料的毒性——比以前的 PFOA ／ PFOS 還要毒七倍」，為什麼直到現在（2024 年 7 月）美國還是沒有禁止不沾鍋？此外，在美國，不沾鍋安全性的審核是 FDA 的權力，而不是 EPA。

不沾鍋有健康上的風險？沒有明確證據

PFAS 的中文是「全氟烷基和多氟烷基物質」（perfluoroalkyl and polyfluoroalkyl substances），根據美國化學理事會（American Chemistry Council，ACC）發表的文章 [1]，PFAS 是一個龐大而多樣化的化學家族，廣泛運用於許多領域——我們每天用來與朋友和家人聯繫的手機、平板電腦和電信設備；為美國軍隊提供動力的飛機；替代能源；幫助我們保持健康的醫療設備。PFAS 對於我們二十一世紀的日常生活至關重要。

我曾經寫文討論「不沾鍋有沒有毒」的議題，收錄在《偽科學檢驗站》184 頁。在這篇文章裡，我提到：「不沾鍋塗層，就是大家耳熟能詳的鐵氟龍（Teflon）。鐵氟龍的製作需要一種

表面活化劑，而在 2013 年之前，杜邦公司所採用的表面活化劑就是……PFOA。……不管是 PFOA 或是 GenX，都只是在製作鐵氟龍的過程中使用，但很多個人或團體，包括台灣的消基會，都把鐵氟龍當成是 PFOA 來看待。這就是為什麼含有鐵氟龍的器具會被說成是有毒、會致癌的原因。」

文中提到的 PFOA 和 GenX，都是 PFAS 家族成員。美國癌症協會（American Cancer Society，ACS）有發表一篇文章〈PFOA、PFOS 和相關的 PFAS 化學品〉[2]，其中有關不黏炊具的內容是：「除了吸入帶有不黏塗層的加熱炊具產生的煙霧可能導致流感樣症狀的風險外，沒有證據表明使用這些產品對人類有風險。雖然 PFAS 可用於製造其中一些塗層，但最終產品中不存在（或以極少量存在）。」另外，美國 FDA 有發表一篇文章〈PFAS 在食品接觸應用中的授權用途〉[3]，我把重點翻譯如下：

自 1960 年代以來，FDA 已授權特定的 PFAS 用於特定的食品接觸應用。一些 PFAS 因其不黏和防油、防水特性而用於炊具、食品包裝和食品加工。為確保食品接觸物質在其預期用途中是安全的，FDA 在核准其投放市場之前進行了嚴格的科學審查。獲准用於與食品接觸的 PFAS 通常分為四個應用類別：

一、不黏炊具：PFAS 可用作塗層，使炊具不黏。

二、食品加工設備中使用的墊圈、O型圈和其他部件：PFAS可用作樹脂，用於形成食品加工設備中需要化學和物理耐久性的某些部件。

三、加工助劑：PFAS可用作製造其他食品接觸聚合物的加工助劑，以減少製造設備上的堆積。

四、紙／紙板食品包裝：PFAS可用作快餐包裝紙、微波爐爆米花袋、外賣紙板容器和寵物食品袋中的防油劑，以防止食品中的油脂通過包裝洩漏。

FDA審查有關食品接觸物質授權用途的新科學信息，以確保這些用途繼續安全。當FDA發現潛在的安全問題時，FDA會確保這些問題得到解決，或者這些物質不再用於食品接觸應用。FDA可以與行業合作，就此類食品接觸物質達成自願性市場淘汰協議。當FDA判定不再能合理確認授權使用食品接觸物質不會造成危害時，FDA也可以撤銷食品接觸授權。

由六個美國國家級部門組成的委員會，在2022年7月28日發表了〈PFAS暴露、測試和臨床隨訪指南〉[4]。這六個部門是：一、美國國家科學院、工程院和醫學院；二、健康與醫藥部；三、地球與生命研究部；四、人口健康和公共衛生實踐委員會；五、環境研究和毒理學委員會；六、PFAS測試和健康結果指南

委員會。這份報告長達三百頁，而其中有關不黏炊具的內容是在第 264 頁，我把全文翻譯如下：

不黏炊具已被研究作為 PFAS 暴露的來源。在干預方面，問題在於用不含 PFAS 的物品替換不黏炊具是否會導致人類 PFAS 暴露量的可測量減少。雖然沒有確定任何干預研究，但我們簡要介紹了一項在美國進行的研究，該研究比較了不黏鍋與不鏽鋼煎鍋向空氣和水中的 PFAS 釋放量。伊旺·辛克萊（Ewan Sinclair）和同事們（2007）在紐約購買了四種品牌的國產和進口不黏煎鍋和一種品牌的不鏽鋼煎鍋（每種品牌三至五個）。未識別平底鍋品牌名稱。所有平底鍋都用熱肥皂水預先清洗過；用 Milli-Q 水沖洗，並用毛巾擦乾。不鏽鋼盤用作對照。作者報告說，在正常烹飪條件下（179℃到 233℃表面溫度），從不黏鍋中測得氣相中的 PFOA 為 11–503 pg/cm2。（還檢測到含氟調聚醇，但這些不是本文重點討論的化學物質，因此未進一步討論。）重複使用一種品牌的平底鍋後，氣相 PFOA 減少，而其他品牌的平底鍋則沒有（每個品牌 n＝1）。作者還測量了在選定平底鍋中煮沸十分鐘的 Milli-Q 水中的 PFOA，發現結果不一致。（某些平底鍋在水中產生可測量的 PFOA 水平，而其他平底鍋則沒有。）

　　由於論文中未包含品牌名稱，因此此信息不能用作具體干預建議的基礎。即使包括品牌名稱，鑑於樣本量小且缺乏研究重複，也很難將此信息用作一般建議的基礎。最後，由於既沒有提供空氣濃度也沒有提供水濃度，因此這種暴露源對總攝入量的貢獻程度尚不清楚。

　　根據以上這三條權威性（至少是較可靠）的資訊，**截至目前為止，沒有確切的證據顯示不沾鍋有健康上的風險。**當然，我知道「沒有確切的證據」並不等於「沒有確切的風險」，所以如果您選擇相信不沾鍋是有健康上的風險，我會予以尊重。只不過，我還是衷心希望讀者能不要生活在網紅製造的恐懼中。

陶瓷塗層鍋比較安全？沒有相關的健康風險研究

　　上一段文章發表後，許多讀者留言討論，其中一個話題是：陶瓷塗層鍋比較安全嗎？有關陶瓷塗層鍋具的安全性，我首先想到的是那位行銷恐怖的網紅所代言（業配）的品牌，該品牌的專利塗層網頁有這樣的敘述：「Xtrema 是陶瓷塗層的升級版，是由陶瓷原料（二氧化矽）所製成，主要成分是以天然的沙和石組成，有別於傳統鍋具使用 PTFE（鐵氟龍）的鍋具塗層。」

　　我用 Xtrema 做搜索，搜到一個 2021 年 4 月 8 日公布的韓國專利，標題是「用於為鋁基炊具提供鐵樣質感的塗層的 Xtrema T 組合物以及使用該組合物的塗層方法」[5]。這篇英文摘要翻成中文是：「本發明涉及一種用於陶瓷塗層的底漆塗料組合物，其包含膠體二氧化矽、甲基三甲氧基矽烷、有機矽二醇共聚物和酸催化劑，以及使用該塗料組合物在鋁表面上進行類鑄鐵紋理塗覆的方法以及由此製備的配比。它涉及一種具有黏性鑄鐵狀質地的鋁炊具。」

　　我想，任何一個稍有常識的人都可以從這個摘要看出，Xtrema 塗層絕非商家所聲稱的「天然的沙和石組成」。還有，這個塗層是塗在「鋁炊具」，而有關鋁製品安全性的風風雨雨，可以複習《餐桌上的偽科學》95 頁。

　　不過，在搜索的過程中，我非常詫異地發現，Xtrema 其實是一家美國公司，此公司專門在生產和販賣「純陶瓷鍋具」，而不是「陶瓷塗層鍋具」。這家公司是在 2004 年成立，而 Xtrema 是其註冊商標。所以，Xtrema 怎麼又會在十幾年後被韓國人拿去申請專利，然後在 2021 年獲得韓國專利，同時也成為陶瓷塗層鍋具的註冊商標呢？我花了半天搜索，就是找不到答案。不管如何，Xtrema 公司有一個網頁非常值得推薦，標題是「關於陶瓷塗層炊具您需要瞭解的一切」[6]，我把重點翻譯如下：

陶瓷塗層炊具是如何製成的？

陶瓷塗層鍋本質上是任何頂部有薄陶瓷層的金屬鍋。平底鍋的基材或金屬芯因品牌而異。一些公司使用陽極氧化鋁，這是一種以導電性能而聞名的廉價金屬；其他品牌使用鑄鐵或不鏽鋼。至於陶瓷塗層，大多數都不是真正的陶瓷，它們實際上是含有二氧化矽（沙）和其他無機化學物質的「溶膠凝膠」（sol-gel）塗料。溶膠凝膠是將陶瓷塗層塗抹在炊具以使其不沾黏的首選方法。通常，製造商在高溫燒製鍋之前將溶膠凝膠噴塗到金屬基材上。根據製造商的不同，此固化過程的溫度範圍可能在 400 到 800 華氏度之間。雖然溶膠凝膠塗層在技術上比 PTFE 塗層更硬，並且能夠承受更高的溫度，但大多數公司建議其客戶不要將陶瓷塗層鍋加熱到 500 度以上。溫度再高，陶瓷塗層就會分解。當溶膠凝膠分解時，陶瓷塗層鍋會失去其不黏性能，表面會變得粗糙或有砂礫。因此，通常不建議在洗碗機中或烤爐下使用這些平底鍋。

陶瓷塗層炊具不沾黏嗎？

陶瓷不沾鍋具的想法是用詞不當。陶瓷本身並不是不沾黏的，這就是為什麼大多數公司使用「溶膠凝膠」技術來創建陶瓷不沾塗層的原因。陶瓷塗層鍋的光滑表面通常會隨著時間的推移

而退化，經常暴露在高溫下可以加速這一過程。一些專家認為，陶瓷塗層的壽命只有 PTFE 塗層的六分之一。另一個重要問題是陶瓷塗層的使用壽命有多長。一個保養良好的陶瓷塗層鍋預計可以使用一到兩年——考慮到它的高價位，這並不是很長的時間。

陶瓷不沾炊具比其他不沾鍋具更安全嗎？

由於圍繞著含氟聚合物和 PTFE 的爭議，對這些化學物質進行大量科學研究是有道理的。但不幸的是，關於溶膠凝膠對人類健康的長期影響的歷史研究並不多。這並不是說其中一種本質上就比另一種更安全。（註：Xtrema 公司是專門在生產和販賣「純陶瓷鍋具」，所以它當然會有心無意地暗示「塗層鍋具」可能都不安全。）

從最後一段文字可以看出，**目前並沒有任何科學證據顯示陶瓷塗層鍋具比鐵氟龍塗層鍋具更安全。事實上，鐵氟龍塗層鍋具已經被大量研究，而目前還是沒有正常使用情況下對人體健康有害的證據。**反過來說，陶瓷塗層鍋具根本就還沒有任何健康風險的研究，所以怎麼可以說陶瓷塗層鍋具是比較安全呢？

台灣衛福部也這麼說：「常見的不沾塗層以聚四氟乙烯（PTFE）材質為主，也就是俗稱的鐵氟龍，是一種耐冷、耐熱又耐腐蝕的聚合物，能抗水、抗脂，避免形成沾黏。早期這類塗層會使用干擾內分泌的全氟辛酸（PFOA）作為生產助劑，因有安全疑慮，環境保護署及國際間已陸續禁用。此外，研究顯示 PTFE 材質約在 360℃才會降解，此溫度遠高於正常烹調溫度，以及高溫烘焙（約 250℃）之條件，因此正常使用含不沾塗層產品，並不會有安全性疑慮。」[7]

想更瞭解這個主題的讀者，我推薦兩個 YouTube 影片。一個是英文影片〈不沾鍋的真相：陶瓷與鐵氟龍〉[8]（可以把字幕翻譯成中文），另一個是中文影片〈陶瓷不黏鍋比特氟龍更安全嗎？陶瓷不黏鍋炊具的優點和缺點。不黏鍋有毒嗎？不沾鍋推薦〉[9]。

鐵氟龍的功用，超乎你的想像

我可以肯定地說，那些抹黑鐵氟龍的人士裡，有不少是曾被鐵氟龍塗層醫療器材治好或救活的。有關鐵氟龍在醫療方面的應用，請看下面兩篇綜述論文和七篇專業文章。請注意，這些文章裡所說的聚四氟乙烯（PTFE）就是俗稱的鐵氟龍。

一、2022 年綜述論文〈基於 ePTFE 的生物醫學器材：手術效率概述〉[10]：聚四氟乙烯（PTFE）因其高生物相容性和惰性而成為普遍用於植入物（implants）和醫療器材的材料，血管、心臟、顎骨、鼻子、眼睛或腹壁在生病或受傷時可以受益於其特性。其膨脹版本 ePTFE 是 PTFE 的改進版本，具有更好的機械性能，從而擴展了其醫療應用。像 ePTFE 這樣經常使用的材料具有這些優異的性能，值得對其主要用途、發展和改進的可能性進行審查。

二、2023 年綜述論文〈用於血管支架塗層的延展聚四氟乙烯膜：製造、生物醫學和外科應用、創新和案例報告〉[11]：塗層支架被定義為被基於聚四氟乙烯（PTFE）的聚合物薄膜包圍的創新支架，可用於治療多種血管病變，並且使血流恢復。這些膜穿過支架支柱，作為物理屏障，阻止管腔內內膜組織的生長，防止所謂的內膜增生和晚期支架血栓形成。用於血管應用的 PTFE 被稱為膨體聚四氟乙烯（e-PTFE），它可以捲起形成多層薄膜，可膨脹為其原始直徑的四至五倍。

三、專業文章〈含氟聚合物在醫療保健中的用途〉[12]：如果沒有含氟聚合物，當今許多最具創新性的醫療程序將無法實現。由於其耐用、無孔且光滑的結構，它們對醫療保健行業產生了重大影響。自發現以來的九十年來，含氟聚合物已被用於

塗覆醫療設備，並在生產能救人一命的植入物、管子和手術工具中發揮至關重要的作用。

四、專業文章〈PTFE 醫療器材塗層應用〉[13]：醫用 PTFE 是許多醫療器材塗層應用首選的主要含氟聚合物。

五、專業文章〈關於 PTFE 的真相以及可持續塗料的需求〉[14]：如果 PTFE 被淘汰，醫療器械行業將倒退數十年，因為 PTFE 具有前所未有的低摩擦係數，使外科醫生能夠以我們都已經習慣的輕鬆和安全程度進行手術。

六、專業文章〈聚四氟乙烯（PTFE）在醫療上的應用〉[15]：用於醫療的 PTFE 產品可分為以下三類。第一類是直接（永久或暫時）進入人體的產品。永久存在的產品包括植入物，例如組織和器官的人造替代品。暫時存在的製品包括導管、聽診器、過濾器、空調器等，主要用於物料及氣體輸送、介質過濾器等。第二類是外用產品。PTFE 的某些性能，如可塑性、輕質、堅固、緊密和彈性、對腐蝕性介質的穩定性、電絕緣性等，對於此類產品非常重要，這些產品包括手套、止血帶、肢體固定裝置、各種診斷用的外部護套等。第三類是生化分析和生化合成設備的功能性零件，如細胞和組織培養、再生和增殖裝置。

七、專業文章〈PTFE 塗層醫療器械〉[16]：當今的許多手術都是使用 PTFE 塗層的醫療器械和手術設備進行的，這些設備需

要不沾黏、電絕緣和其他性能相關的特性，例如安全性、正確使用和耐用性。除了手術環境外，PTFE 塗層在醫學和影像實驗室中也很常見。這些 PTFE 塗層醫療設備和應用中的一些包括導絲、心軸、針、電外科刀片、鉗子、導管、顎、推／拉線。

八、專業文章〈醫用級塗料〉[17]：Teflon 醫用級塗層對於向病患安全提供醫療服務至關重要。由於這些塗層具有不沾黏、低摩擦、不潤濕、耐熱和耐化學性能，因此是醫療工具和機械的理想處理方法。手術設備必須保持無菌和無靜電。許多手術工具都塗上聚四氟乙烯或其他經醫療認可的高級塗層。這些應用使外科醫生能夠更有效、更安全地執行重要手術，同時也能防止設備上形成任何汙染物。透過對這些器械進行塗層，可以保護其免受腐蝕、化學物質和各種細菌的影響，從而保護患者的安全。

九、專業文章〈PTFE 塗層在醫療領域的重要性〉[18]：醫療產業在多種方面依賴不沾塗層——從手術器械到導絲和導管。不沾塗層確保儀器表面在手術過程中不會聚集任何物質。採用非酸配方的 PTFE 塗層也應用於許多醫用電線。這些電線是各種醫療設備和心軸所必需的，這些設備和心軸需要保持無菌，並且需要受到保護，免受多種因素的影響，包括暴露於各種環境。

事實上，就算不提高深難懂的醫療器材，光是那再簡單不過，你每天都在使用的牙線，也是要拜鐵氟龍所賜。請看下一

段文章。

牙線也含鐵氟龍成分，有毒嗎？

讀者 Jack Liu 在 2023 年 12 月 13 日留言詢問：「請問教授，那 PTFE 也是一種全氟化合物嗎？台灣 3M 做的牙線含有此成分，不知道該不該用，謝謝。」

澳洲政府有設立一個專門回答「PFAS 相關問題」的網站[19]，而其中的一個問題是：「鐵氟龍是用什麼做的？鐵氟龍和 PFOA 之間有什麼關聯？」此網站的回答如下：

鐵氟龍是化學物質「聚四氟乙烯」（PTFE）的商品名。PTFE 是 PFAS 家族的一員，但其結構與 PFOA、PFOS 或 PFHxS 不同，因此具有不同的特性。聚四氟乙烯（PTFE）和 PFOA ／ PFOS ／ PFHxS 的特性之間有幾個重要差異：一、PTFE 不溶於水；PFOA、PFOS 和 PFHxS 可溶於水。二、PTFE 太大且太難溶，無法被生物體吸收；PFOA、PFOS 和 PFHxS 很容易被食用／飲用受汙染食物／水的生物體吸收。三、PTFE 對動物無毒；PFOA、PFOS 和 PFHxS 對動物有一系列毒性作用。

這些差異意味著監管機構不認為鐵氟龍是對人類健康或環

境有影響的化學物質。PFOA 和鐵氟龍之間的關聯是 PFOA 用於幫助製造鐵氟龍。然而，需要強調的是，PFOA 並不是鐵氟龍的成分——它只是添加到反應容器中以幫助製造鐵氟龍，並在工藝結束時被去除。因此，鐵氟龍不應含有 PFOA。我們有制定嚴格的標準來幫助確保鐵氟龍不含 PFOA。

有關牙線有毒的說法是在 2019 年開始大量流傳，這是因為當年 1 月發表的一篇論文〈非裔美國人和非西班牙裔白人女性的 PFAS 血清濃度和暴露相關行為〉[20]。這篇論文的文摘裡有這麼一句話：使用 Oral-B Glide 牙線、使用防汙地毯或家具，以及生活在受 PFAS 汙染的供水系統的城市也與某些 PFAS 含量較高有關。

Oral-B Glide 牙線含有鐵氟龍，而我們家已經用 Oral-B Glide 牙線幾十年了。儘管這篇論文被大量引用來「證明」牙線有毒，但此文其實問題重重。加拿大麥基爾大學「科學和社會辦公室」（Office for Science and Society）網站在 2019 年 1 月 18 日發表文章〈牙線有毒嗎？〉[21]，我把重點翻譯如下：

研究中沒有提及發現的 PFAS 含量與潛在毒性作用之間的任何關聯。此外，雖然 Glide 牙線中的含量略高，但無法知道這

些化合物是來自牙線，還是來自其他類型的接觸。事實上，它們來自牙線的來源值得懷疑，因為根據製造商的說法，牙線本身並未檢測到 PFAS。

科學以數字為中心，但在這項研究中，量化非常弱。無論是使用不沾鍋、牙線或從紙板容器中食用食物，受試者都被問及是否「曾經」或「從未」參與過這些活動。我們不知道受試者是否每週或每天使用一次牙線。還有一個問題是，血液中檢測到的 PFAS 水平範圍很寬。雖然平均而言，牙線的含量確實較高，但有些化合物的含量明顯低於非牙線的含量，就某些化合物而言，含量低達 17%。即使對於那些自稱經常吃快餐紙板容器的受試者，也存在很大的差異，其中一些受試者的 PFAS 含量實際上比那些聲稱很少食用此類食品的受試者要低。無論如何，我更關心的是容器中的內容物，而不是防油塗層中滲出的化學物質。

這項研究沒有說明檢測到的化學物質可能對健康產生任何影響。此外，暴露的量化不穩定，無法確定化合物的來源，而且數據範圍太寬，無法得出重要的結論。

就使用牙線而言，有明確的證據表明它可以改善牙齒健康，因此我會繼續使用牙線，而不必擔心我使用的牙線類型。

林教授的科學健康指南

1. 目前沒有任何科學證據顯示陶瓷塗層鍋具比鐵氟龍塗層鍋具更安全。事實上，鐵氟龍塗層鍋具已經被大量研究，目前還是沒有正常使用情況下對人體健康有害的證據

2. 鐵氟龍廣泛應用在日常用品，舉凡冰箱、冷氣機、洗衣機、烘乾機、果汁機、咖啡機、電鍋，甚至連直接放進嘴巴的牙線都含有鐵氟龍。此外，鐵氟龍也是普遍用於醫療器材的材料

3. PFOA 和鐵氟龍之間的關聯是 PFOA 用於幫助製造鐵氟龍。然而，PFOA 並不是鐵氟龍的成分。因此，鐵氟龍不應含有 PFOA

1-9

手機會導致腦瘤和癌症？謠言澄清

電磁波、2B 級致癌物、神經膠質瘤、單方論證

使用手機，腦瘤風險飆三倍？

2019 年 9 月 28 日，我接受「北美台灣工程師協會」的邀請主講了一個演說，主題是「電磁波有害健康嗎」。我提出很多科學證據，希望民眾不要對電磁波心生恐懼。兩個禮拜後，有一位當天的聽眾用電郵寄來一則「使用手機，腦瘤風險飆三倍」的資訊，還附了一本書的第四章的照相影印。

這本書是《一輩子都受用的健康寶典》，在 2019 年 8 月發行，其第四章的標題是「電磁波與 3C 產品的藍光之害」，它的三個主題是：一、七招防藍光傷害眼睛。二、長期長時間使用手機，腦瘤風險飆三倍。三、遠離電磁波的七大對策。

所以，我今天就用科學證據來看「使用手機，腦瘤風險飆三倍」是真或假。

先來看該書第 97 頁的這一段：「IARC 將無線電頻電磁場，

也就是手機輻射，歸類為 2B 級可能致癌物；被 WHO 列為 2B 級可能致癌物的還包括 DDT、塑化劑、四氯化碳、氯仿、汽車引擎廢氣、鉛、燃燒煤炭、乾洗化學藥品等共 287 項。」

根據 IARC 的致癌物分類，2B 級（對人類有低可能致癌性）包括手機、傳統亞洲醃漬蔬菜、銀杏萃取物、蘆薈全葉萃取物、阿斯巴甜。讀者有沒有注意到，《一輩子都受用的健康寶典》要給各位看的 2B 級致癌物都是聽起來很可怕的東西，例如 DDT、塑化劑、引擎廢氣和鉛，偏偏就是不提那些聽起來很無辜的東西，例如「銀杏萃取物」和「蘆薈全葉萃取物」。您知道嗎，台灣還有位名嘴醫師鼓勵大家吃銀杏萃取物呢！更可笑的是，牛羊豬肉的致癌性還比手機高呢！更更可笑的是，高粱酒、茅台酒、威士忌、紅酒還是最高等級的一級致癌物呢！（有關紅肉、酒和銀杏對健康的影響，請複習《餐桌上的偽科學》53 頁和《餐桌上的偽科學 2》56 頁及 130 頁。）

好，笑夠了，現在可以來看嚴肅的研究報告了。這本書共提出四篇論文來「證明」手機會導致腦瘤風險飆三倍，但是有關手機是否與腦瘤有關聯性的研究論文共有四十四篇，而其中四十篇是說沒有關聯性。那，請問為什麼這本書偏偏就只提那四篇說有關聯性的呢？

權威的醫學期刊《公共衛生年度回顧》（Annual Review of

Public Health）在 2019 年 4 月 1 日發表論文〈腦和唾液腺腫瘤和手機使用：評估各種流行病學研究設計的證據〉[1]，作者包括 IARC 轄下的「環境與輻射科」（Section of Environment and Radiation）科主任約阿希姆‧舒茲（Joachim Schüz）。這篇論文分析了所有過去發表的相關研究，而結論是：流行病學研究並未表明使用手機會增加腦或唾液腺腫瘤的風險。

事實上，這個結論可以說是世界最權威健康醫療機構的一致共識。翻閱本書的附錄，可以看到資料來源包含世界衛生組織[2]、美國國家癌症研究所[3]、美國癌症協會[4]、澳洲輻射防護與核安全局[5]、斯隆凱特琳癌症紀念中心[6]。

還有，請注意，**儘管手機的使用在近年來成長快速，但是與此同時，在美國和台灣，腦瘤的發生率卻是持平，甚至下降。**請看這兩篇報告，分別是 2018 年〈全國癌症狀況年度報告，第一部分：國家癌症統計〉[7]和 2017 年〈台灣原發性惡性腦瘤發病率趨勢及其與合併症的關係：一項基於人群的研究〉[8]。所以，您真的相信「使用手機，腦瘤風險飆三倍」嗎？

常用手機會致癌，醫生說的？

2020 年 9 月 3 日，有人在北美台灣同鄉的 LINE 群組傳來

一個兩分多鐘的影片。這個影片的開頭是主播陳淑貞說：「使用手機安全嗎？在今天，世界衛生組織首度承認……使用手機……罹患神經膠質瘤比一般人多出百分之四十。」接下來，是一位民視記者在訪問萬芳放射腫瘤科主任梁永昌。

我在谷歌用「主播陳淑貞」搜索，查出她是《民視》的主播，可是我在民視的網站怎麼搜就是搜不到這個影片。所以，我就用「梁永昌、手機、腦瘤」在谷歌搜索，終於在《新唐人亞太台》網站找到這篇報導〈世衛首度承認，手機恐致癌〉[9]。

文字報導的第一段是：「……但世界衛生組織 6 月 1 日首度承認，手機電磁波可能是致癌因子，研究發現……罹患神經膠質瘤比例是一般人的四十倍……。」所以您看，那個民視影片裡所說的「百分之四十」，到了新唐人就變成「四十倍」。除了這個從百分之四十到四十倍的升級之外，其餘的文字內容跟民視影片裡所說的一模一樣，例如「不只世衛坦承，臨床上也有數百個病例可以證實」、「萬芳放射腫瘤科主任梁永昌：他們發現罹患聽神經瘤，或是腦膜瘤的病人，他們發病的位置，都很靠近耳朵，而且跟他們使用手機的同一側」。

既然這個影片一再強調「世界衛生組織承認」，又得到梁永昌醫師的加持，我就到世界衛生組織的網站去看個究竟。在「電磁場與公共衛生：手機」[10]這個頁面有一句話，我翻譯如下：

在過去的二十年中，進行了大量研究，以評估手機是否構成潛在的健康風險。迄今為止，尚無使用手機對健康引起的不良影響。

所以您看，縱然是一位腫瘤科主任醫師所講的話，而且是跟腫瘤有關的議題，也不見得就能相信。事實上，如同上一段文章討論過的，在台灣廣受歡迎的電視名人潘懷宗教授竟在自己的書裡說「長期長時間使用手機，腦瘤風險飆三倍」，我花了很多時間查證他所說的是否屬實，結果發現他是 cherry-picking（採櫻桃／單方論證），只挑對他有利的證據，而完全不提對他不利的證據。

所以，不管是醫生還是電視名嘴，他們的言論都有可能是嚴重錯誤。我曾發表有關「瘦肉精」的文章（收錄在《偽科學檢驗站》14 頁），得到很大的關注，而有幾位讀者就寄來一些醫生發表的不同意見。這些意見都是引用錯誤或不相干的醫學報告（例如引用與美牛美豬無關的瘦肉精），或是基於根本無法驗證的假設（例如假設瘦肉精對健康的影響會在幾個世代之後出現）。我希望讀者能瞭解，任何人都可以做任何的假設，只不過，一個無法驗證的假設就永遠只會停留在假設。

林教授的科學健康指南

1. 有關手機是否與腦瘤有關聯性的研究論文共有四十四篇，而其中四十篇是說沒有關聯性。流行病學研究並未表明使用手機會增加腦或唾液腺腫瘤的風險，而這個結論可以說是世界最權威健康醫療機構的一致共識

2. 不管是醫生還是電視名嘴，他們的言論都有可能是嚴重錯誤。縱然是一位腫瘤科主任醫師所講的話，而且是跟腫瘤有關的，也不見得就能相信

1-10

電磁波的惡名與真相

遠紅外線、輻射、Wi-Fi、超氧化物歧化酶（SOD）、手機

電磁波好可怕？基地台斷訊，原始人風波

臉書朋友 Andy 在 2021 年 8 月 22 日寄來一則有關基地台的消息。他是電子工程師，在一兩年前曾跟我討論過電磁波是否有害，這就是為什麼他會特地寄來這則新聞〈基地台斷訊！「原始人」風波一年後續燒。里民怨：訊號超弱〉[1]。內文第一段是：「彰化和美鎮柑井里里民，去年五月，因為不滿被裝設基地台要求拆除，業者直接斷訊，彷彿回到原始人生活，後來開里民大會，準備將基地台移到公墓附近，但居民說這一年來訊號還是很差，家裡常常只剩一格，從台北回來的居民直接把手機丟在一旁不用，乾脆放空。」

不管是中文的，還是英文的，有關「電磁波很危險」的資訊，多到三天三夜都看不完。我的高中同學、大學同學、遠親

近朋、粉絲讀者，也都傳個不停。更讓我感到沮喪的是，不管我提供再多的科學證據，他們還是說很擔心。

我已經發表過兩篇跟電磁波有關的文章，主題分別是「遠紅外線的醫療效果」（收錄在《餐桌上的偽科學 2》282 頁）及「太赫茲細胞理療儀」[2]，只不過當時所討論的重點並不是要駁斥有關電磁波有多危險的傳言。我在文章裡有說，不管是「遠紅外線理療」，還是「太赫茲理療」，都是要花大錢去做的。可是，遠紅外線和太赫茲都是電磁波，而且在能量上都比手機的電磁波要強上好幾千倍。那，為什麼有人要花大錢去做電磁波理療，有人卻怕電磁波怕得要躲到山洞裡？而且，很可能有這麼一種人，一方面花錢去做電磁波理療，另一方面又天天擔心手機發射的電磁波會造成腦癌、乳癌、血癌等等。

到底為什麼會有這麼荒唐的事？追根究柢就是「不懂」，再加上被所謂的專家誤導，才會這樣無厘頭地搞得天翻地覆。

電磁波在自然界無所不在。即使地球上從來就沒有人類出現過，所有動植物都還是被電磁波籠罩著。而縱然原始人類是躲在山洞裡，也還是一樣會被電磁波「輻射」到。一談到輻射，這又是一個讓很多人感到非常害怕的東西。一聽到輻射，就會想到 X 光、電療、核電廠、原子彈等等可怕的東西，但其實家裡的日光燈也是一種電磁波，一樣是在輻射，你為什麼不怕日

光燈的輻射呢？何況，日光燈的輻射在能量上比手機強上好幾十萬倍。即使不開日光燈，而就只是白天坐在家裡，也一樣是被來自太陽的光線不斷地輻射，而來自太陽的光線在能量上也是手機的好幾十萬倍。

　　事實上，我們每個人的身體也是時時刻刻在釋放電磁波，而且這種電磁波（即遠紅外線）在能量上比手機所釋放的電磁波還要強上好幾千倍。那，你怎麼還敢抱著你的配偶和小孩？

家中燈具所釋放的電磁波，比手機強幾十萬倍

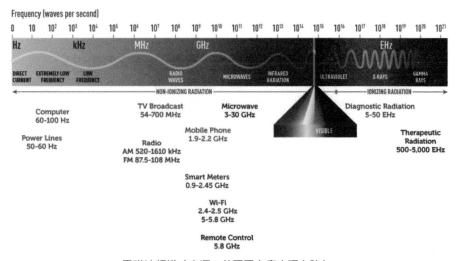

電磁波頻譜（來源：美國國家癌症研究院）

　　上圖是出自「美國國家癌症研究所」[3]的電磁波頻譜。頻譜最上面的那一行數字是以十倍進階的頻率（Frequency），而其單位是赫茲（Hertz，簡寫為 Hz）。赫茲的定義是「週期性事件每秒鐘發生的次數」，例如我的心臟每秒鐘跳一次，所以心跳的頻率就是 1 赫茲（1Hz）。在這個頻譜的左下方有列出電纜（Power Lines）所發出的電磁波頻率是 50 至 60 赫茲，而電腦（Computer）所發出的電磁波頻率是 60 至 100 赫茲。

　　頻譜的第二行所顯示的幾個英文縮寫是以一千倍進階的頻率單位。KHz 是「Kilohertz，千赫茲，103」，MHz 是「Megahertz，百萬赫茲，106」，GHz 是「Gigahertz，千兆赫茲，109」，THz 是「Terahertz，太赫茲，1012」，PHz 是「Petahertz，拍赫茲，1015」，EHz 是「Exahertz，艾赫茲，1018」。

　　電磁波的能量是跟頻率成正比，所以在頻譜越右邊的電磁波能量就越強。像 X 光和伽瑪射線（如常用來切除腫瘤的伽瑪刀）就是非常高能量的電磁波，而它們也被稱為「游離輻射」（ionizing radiation）。相對地，在頻譜左邊（即約在 PHz 的左邊）的電磁波是屬於「非游離輻射」（non-ionizing radiation），例如日光燈。**游離和非游離之間的差別，簡單地說就是，前者具有破壞細胞分子（如 DNA）的能力，而後者則無此能力。**

　　在頻譜所顯示的 GHz 的下面，可以看到手機所釋放的電

磁波頻率約 2GHz，而微波爐內部所釋放的電磁波頻率是 3 至 30GHz。前面提到的「遠紅外線理療儀」和「太赫茲理療儀」，它們所釋放的電磁波頻率是在 3 至 100THz 之間，而這就是為什麼我會說，在能量上它們都比手機所釋放的電磁波要強上好幾千倍。我們人體所釋放的電磁波跟遠紅外線是一樣的，所以在能量上它也是比手機所釋放的電磁波要強上好幾千倍。還有，很多人怕得要死的基地台，它們所釋放的電磁波也一樣是屬於此一範圍的頻率。

人類之所以能看得到東西，在白天是因為有來自太陽的光線，而在晚上則是因為有來自燈具的光線。不管是來自太陽或來自燈具的光線，它們都是頻率在 400 至 800THz 之間的電磁波（請看頻譜上七彩的部分），而這也就是為什麼我會說，在能量上它們都是比手機所釋放的電磁波要強上好幾十萬倍，更何況我們每天都暴露在這些電磁波之下十幾個小時。所以，相形之下，手機或基地台所釋放的電磁波到底有多危險，或多不危險，各位讀者應當可以做出判斷吧。

關於手機和基地台電磁波的安全性，世界各國的衛生醫療單位都已經有發表聲明。有關電磁波對健康的影響，全球最龐大的研究是世界衛生組織在 1996 年發起的「國際電磁場計劃」[4]。以下翻譯一小段世界衛生組織（WHO）的文章[5]：

　　過去三十年內，在非游離輻射的生物效應和醫學應用領域中，已經發表了約兩萬五千篇文章。儘管有些人感覺需要做更多的研究，但與大多數化學藥品相比，這個領域的科學知識是更廣泛。根據最近對科學文獻的深入審查，世界衛生組織得出結論：當前證據並未證實暴露於低水平電磁場對健康有任何影響。

Wi-Fi 會降低體內 SOD 的工作量？毫無關聯

　　讀者 DDRMIX 在 2021 年 3 月 24 日留言：「教授您好。我讀到這一篇文章，有幾個疑問。『抽血檢查意外發現其氧化壓力（SOD，超氧化物歧化酶）數值偏低』，抽血可以檢查 SOD ？真的越高越好嗎？所以我額外吃營養劑的話這個數據真的會提高？『強烈的電磁波極有可能影響了體內 SOD 的工作量』是真的嗎？ Wi-Fi 或電磁波會影響？『睡覺時間是人體修復的重要時機，最好避免在房間內使用任何電子設備，像是手機、無線電話、筆記型電腦』是真的嗎？請教授解答，謝謝。非常好奇。」

　　他提供的是一篇 2021 年 3 月 23 日發表在《Now 健康》的文章〈睡前滑手機是致病兇手？專家警告「電磁波 NG 行為」〉[6]，此文的第一和第二段是：「三十七歲的方先生是一名活力充沛的成功創業家，……關注健康的他……透過抽血檢查，意外發

現其『氧化壓力』SOD（超氧化物歧化酶）數值偏低。然而，方先生注重養生，更沒有不良嗜好，是什麼原因讓他的 SOD 數值偏低的呢？診所院長林美秀從生活細節詢問，結果發現方先生為了通訊方便，家中不僅有兩台 Wi-Fi 機，且還加裝強波器，強烈的電磁波極有可能影響了體內 SOD 的工作量。」

從這兩段文字可以看出，儘管文章說方先生有被驗出 SOD 數值偏低，但卻完全沒有說方先生有任何健康上的問題。也就是說，所謂的「SOD 數值偏低」，頂多也就只是個數值，跟健不健康，毫不相干。

其實，儘管過去是有一些研究認為「SOD 數值偏低」似乎與某些疾病有相關性（請注意，並不是因果性），但是到目前為止，醫學界根本就沒有建立所謂的 SOD 正常值。也就是說，儘管這篇文章說「SOD 數值偏低」，但它卻沒辦法提供一個正常值來做參考比較。那麼，既然不知道什麼是 SOD 正常值，卻硬生生地把 SOD 數值偏低說成是不健康，當然就是一派胡言。

至於文章所說的「電磁波極有可能影響了體內 SOD 的工作量」，我是怎麼也找不到有任何科學證據可以支持此一說法。事實上，有關電磁波有害健康的傳說多如牛毛，尤其是有關手機會致癌的謠言，就連所謂的專家、醫生也都不遺餘力地到處散播。這篇文章裡提到的醫師就是這麼一位所謂的專家。

　　至於讀者 DDRMIX 的最後一個問題「睡覺時間是人體修復的重要時機，最好避免在房間內使用任何電子設備，是真的嗎？」，我的答案是「是真的」，但不是因為電磁波會影響體內 SOD 的工作量，而是使用手機、電腦等電子設備會擾亂生物時鐘並影響睡眠，原因請看這篇文章〈科技與睡眠〉[7]。

　　總之，《Now 健康》那篇文章所說的「電磁波極有可能影響了體內 SOD 的工作量」，缺乏科學根據；而它所說的「SOD 數值偏低」，並沒有顯示與健康有任何關係。「抽血檢查 SOD」除了讓保健醫療公司賺錢之外，沒有任何意義。

 林教授的科學健康指南

1. 有關電磁波有害健康的傳說多如牛毛，尤其是有關手機會致癌的謠言，就連所謂的專家、醫生也都不遺餘力地到處散播。但是，世界衛生組織對於電磁波的結論是：三十年的研究，兩萬五千篇的論文，結果是沒有證據顯示低水平的電磁場對健康有任何影響

2. 過去有一些研究認為「SOD 數值偏低」似乎與某些疾病有相關性（請注意，並不是因果性），但是到目前為止，醫學界根本就沒有建立所謂的 SOD 正常值。「抽血檢查 SOD」除了讓保健醫療公司賺錢之外，沒有任何意義

Part **2**
各式藥品及療法的效用與副作用

瘦瘦筆真的能減肥？安眠藥會導致失智？生髮藥會讓人性慾低落？壓碎藥片或打開膠囊，會影響藥效吸收和保存？各種熱門藥物與新興療法，要如何辨別它們是否有效？有什麼風險？首先，請謹記一個原則：藥品必須經過層層嚴謹的安慰劑雙盲測試、人體試驗和機關審查，才能確定療效和副作用。

熱門減肥藥分析：羅氏鮮、防風通聖散

orlistat、藥事法、非處方、中藥、日本草藥

　　讀者 Howard 在 2023 年 10 月 24 日留言詢問：「西藥 orlistat 和中藥防風通聖散，這兩款藥物目前應是市面上非處方藥最熱門的。想知道它們真的適合被用來減肥以及非處方藥販賣嗎？orlistat 120mg 更有網站直接販售。台灣是想管管不了，還是根本是同一利益結構？想聽聽林教授的見解。」

處方減肥藥「羅氏鮮」網上販售，管得了嗎？

　　由於這個提問關係到兩種完全不同的藥，所以我會先在這段文章討論 orlistat。一篇 2022 年 12 月 11 日更新的綜述論文[1]在開頭這麼說：「orlistat 是一種用於治療肥胖的藥物。它會抑制胃和胰臟脂肪酶，從而阻止三酸甘油脂的水解，因此游離脂肪酸不會被吸收。當與飲食和運動結合時，orlistat 的最大益處才

會顯現。」

另外，根據梅約診所（Mayo Clinic）[2]，orlistat 有兩個品牌，差別在於劑量、治療對象和是否為處方藥。Alli 品牌是 60 毫克的 orlistat，為非處方藥，治療對象是十八歲及以上、身體質量指數（Body Mass Index，BMI）為 25 或以上的成年人。Xenical 品牌是 120 毫克的 orlistat，為處方藥，而治療對象有兩類：一、BMI 為 30 或以上的成人；二、BMI 為 27 至 30 且患有高血壓或糖尿病等其他健康風險因素的患者。

Xenical 在台灣的註冊名是「羅氏鮮」，而在中國和香港的註冊名則是「賽尼可」。就如讀者 Howard 所說，的確是有網站在販售羅氏鮮，但是我點擊了十幾個頁面上的網路連結，結果都是出現「Sorry, you have been blocked」（抱歉，您已被封鎖）。我猜想這些網站應該是偵測到我是在美國而非台灣，所以我不會是它們的銷售對象。或者說，這些網站也許認為我可能會是在調查或想對它們不利？

不管如何，我看到一篇 2023 年 3 月 25 日的新聞報導〈「這減肥藥」稱可快速排油，買了最重罰一億、關十年〉[3]，它的內容重點是：食藥署最新公布抓到一網站「羅氏鮮快速減肥藥台灣官網」打著瘦身廣告違法販售減肥藥，經查不只產品包裝沒有許可證字號，網站 IP 位置也不在台灣。食藥署藥品組科長楊

博文表示，這類假冒台灣合法網頁但實際上卻在販售不法藥品的假網站，大部分都是以壯陽藥跟減肥藥占最多，但 IP 位置大部分也都在國外，是境外網站，因此台灣法規無法讓其下架。如果民眾輸入產品外包裝無藥品許可證字號的非我國核准藥品，恐違反《藥事法》第 82 條，製造或輸入偽藥或禁藥者，處十年以下有期徒刑，得併科新台幣一億元以下罰金。

由此可見，台灣是有在管，或者說至少是有想要管。但由於這些羅氏鮮銷售網站的 IP 位置是在國外，屬於境外網站，所以台灣的法規無法將其下架。不過有一點我覺得蠻奇怪的，那就是既然 Alli（台灣註冊名「康孅伴」）是 60 毫克的 orlistat，而 Xenical 是 120 毫克的 orlistat，那服用兩粒 Alli 不就等於服用一粒 Xenical，又何必管什麼處方或非處方？也就是說，既然能在住家附近的藥局合法買到無須處方的康孅伴，那又何必要冒著「被罰一億元、關十年」的風險去網上購買需要處方的羅氏鮮？如果您知道答案，煩請告知。

日本帶起風潮的減肥中藥「防風通聖散」

接下來，繼續討論讀者 Howard 所提到的另外一種熱門減肥藥，防風通聖散。根據中華民國藥師公會 [4]，防風通聖散的成

分是防風、川芎、當歸、白芍、大黃、薄荷、麻黃、連翹、石膏、黃芩、生薑、桔梗、甘草、荊芥、白朮、山梔子、滑石、芒硝、蔥白；防風通聖散的效能是解表通裏、疏風清熱；防風通聖散的適應症是表裏三焦俱實、大便秘結、小便短赤、瘡瘍腫毒。由此可見，防風通聖散的適應症裡並沒有肥胖這一項。那為什麼讀者會說它是市面上最熱門的非處方減肥藥？

其實，防風通聖散之所以會搖身一變成為熱門的減肥藥，全都要歸功（怪罪）於日本人。防風通聖散在英文文獻裡是翻譯成「bofutsushosan」，而 PubMed 總共收錄了五十五篇關於 bofutsushosan 的論文，其中一篇是出自中國，兩篇出自台灣，五篇出自韓國，而其餘四十七篇全都出自日本。第一篇防風通聖散的論文〈防風通聖散對味精肥胖小鼠的產熱、抗肥胖作用〉[5] 發表於 1995 年，作者是日本人。從這個標題就可看出這篇論文是關於防風通聖散的抗肥胖作用。事實上，在五十五篇防風通聖散的論文裡，共有三十七篇是跟減肥有關，而且幾乎全都是出自日本。

防風通聖散，減肥功效微不足道且副作用多

至於防風通聖散是否真能減肥，我們來看一篇 2022 年發表

的回顧論文〈日本傳統漢方藥物防風通聖散改善肥胖參與者的身體質量指數：系統性回顧與統合分析〉[6]。這項分析共納入了七項研究和 679 名參與者（試驗組 351 名，對照組 328 名）。結果是，試驗組的 BMI 降低了 $0.52kg/m^2$，但腰圍、醣脂參數或血壓都沒有顯著差異。

對於這樣的結果，我認為防風通聖散的減肥功效是微不足道。更重要的是，已經有研究發現防風通聖散有許多不良的副作用。請見以下七篇論文。

一、2002 年論文〈一例防風通聖散誘發肺炎〉[7]：一名六十五歲男性在使用防風通聖散治療約一個月後因出現咳嗽、發燒和呼吸困難而入院。患者在單獨停止服用防風通聖散後康復。我們診斷為防風通聖散誘發的肺炎。

二、2004 年論文〈一例中藥方防風通聖散誘發間質性肺炎〉[8]：患者是一名六十四歲的女性。在使用中草藥防風通聖散進行減肥治療後兩個月內，她抱怨運動時出現呼吸困難、咳嗽和發熱。症狀逐漸加重，因而入院檢查治療。防風通聖散的成分中藥黃芩和甘草可引起藥物性肺炎。總之，如果在使用草藥期間出現副作用、過敏、肺部疾病、肝損傷或其他疾病，應小心，因為這些疾病可能會導致嚴重的疾病。

三、2008 年論文〈由草藥防風通聖散引起的藥物性肝損

傷〉[9]：一名三十七歲女性因黃疸入院。入院前約三十至六十天，她服用了草藥防風通聖散。藥物性肝損傷的診斷依照 2004 年日本消化疾病週（Japan Digestive Disease Week，JDDW）提出的診斷量表進行。肝臟切片標本顯示急性肝炎的特徵。醫生應該意識到，防風通聖散可能會導致肝損傷。

四、2016 年論文〈防風通聖散致肺損傷患者案例研究：病例報告〉[10]：防風通聖散是一種草藥（傳統漢方）藥物，在東北亞用於治療肥胖患者。一名五十二歲女性因進行性呼吸困難入住筑波大學水戶醫療中心水戶共同綜合醫院（日本水戶）。兩個月前，為了治療她的肥胖症，開了防風通聖散處方。雙側毛玻璃樣混濁和進行性呼吸惡化表示治療藥物引起的肺損傷導致呼吸衰竭。停用防風通聖散並使用皮質類固醇後，她的呼吸狀況得到了改善，但肺部某些區域仍留有後遺症。恢復使用其他治療藥物並沒有再次造成肺損傷。因此，診斷為防風通聖散所致肺損傷。

五、2017 年論文〈日本草藥引起的肺炎：七十三例患者的回顧〉[11]：在各種日本草藥中，小柴胡湯是最常用的藥物（26%），其次是柴苓湯（16%）、清心蓮子飲（8%）和防風通聖散（8%）。這些藥物通常含有黃芩和甘草。六十五名患者（89%）在開始使用日本草藥治療後三個月內出現肺炎。二十六

名患者（36%）在停止使用日本草藥後就康復。然而，其餘患者需要免疫抑制治療，十三名患者（18%）接受機械通氣。重要的是，三名患者（4%）未能倖存，其中兩名患者在屍檢時顯示出病理性瀰漫性肺泡損傷。

六、2021 年論文〈由草藥（防風通聖散）引起的藥物性膀胱炎〉[12]：作為眾多日本傳統藥物（漢方藥物）之一的防風通聖散因肥胖和代謝症候群而受到關注。我們報告了一位七十歲女性因使用防風通聖散八年而引起的過敏性膀胱炎。患者在三個月內出現排尿疼痛並伴隨無菌膿尿。膀胱鏡檢查顯示尿路上皮瀰漫性紅斑和水腫。尿細胞學檢體顯示嗜酸性細胞增多。停用防風通聖散後，膀胱炎症狀在四天後消失，尿液分析正常化。在未經醫生批准的情況下恢復使用防風通聖散會導致膀胱炎症狀，停止後症狀迅速消退。

七、2022 年論文〈使用日本藥品不良事件報告（JADER）資料庫分析防風通聖散給藥所引起的藥物性肝損傷〉[13]：防風通聖散是日本傳統的漢方藥。近年來，據報導它可以有效治療與生活方式相關的疾病，並且其使用正在增加。然而，防風通聖散的副作用很常見，其中藥物性肝損傷是最常見的併發症。在本研究中，我們分析了日本不良藥物事件報告（JADER）資料庫中有關防風通聖散給藥後肝損傷發生情況的資訊。結果表

明，防風通聖散呈現出顯著的報告優勢比（ROR）訊號，顯示肝損傷。此外，根據 JADER 資料庫的紀錄，服用防風通聖散後出現不良事件的發生率在三十歲至五十九歲之間的女性中更高。對服用該藥物的患者進行邏輯回歸分析的結果顯示，上述年齡範圍的女性發生藥物性肝損傷的機率較高。因此，雖然防風通聖散是治療生活型態相關疾病的有效藥物，但仍須避免過度使用，偶爾使用時應謹慎，以免發生嚴重不良事件。

 林教授的科學健康指南

1. 減肥成分 orlistat 有兩個品牌，Alli（康孅伴）是 60 毫克的 orlistat，為非處方藥；Xenical（羅氏纖）是 120 毫克的 orlistat，為處方藥。在國外網站上購買處方藥寄到國內是違法的，也有被假網站詐欺和偽藥的風險

2. 根據現有科學證據，中藥防風通聖散的減肥功效是微不足道。更重要的是，已經有研究發現防風通聖散有許多不良的副作用，包含藥物性肝損傷、肺損傷和誘發肺炎等

知名生髮藥分析：柔沛、波斯卡和欣髮源

＃非那雄胺、脫髮、攝護腺腫大、性障礙、胸腺素、切藥器

壓碎藥片或打開膠囊，會影響藥效吸收和保存？

　　讀者 Mr. Zhang 在 2023 年 4 月 11 日詢問：「教授您好，最近在觀察雄性禿生髮藥物，有以下訊息：一、柔沛（finasteride 1mg）生髮效果大致受肯定，但價格昂貴。二、台灣學名藥價格可以砍半，但有的醫院不提供。三、醫生開給我治療良性攝護腺腫大的波斯卡（finasteride 5mg），換算每月價格一百多元，他要我分四份服用，認為濃度不一或每份濃度超過 1mg 問題微乎其微。四、有人說性慾降低一段時間後會改善，有人說他性慾降低即使停藥仍然不可逆。另外請問教授對以下三點的研究和看法，謝謝。一、波斯卡分四份每日服用是否可忽略濃度不一或濃度超過 1mg 的問題？二、有醫師說切開後沒有膜衣保護，對吸收和保存藥效都會有負面影響，請問教授是否影響顯著或可忽略？三、性慾降低的副作用是否有不可逆的可能？謝謝教

授百忙之中總是提供給我們至為重要的資訊。」

非那雄胺（finasteride）是一種叫做「5-α 還原酶抑制劑」（5-α reductase inhibitor）的藥物，其作用是抑制 5-α 還原酶，從而阻止睪酮（testosterone）轉變為雙氫睪酮（dihydrotestosterone，DHT）。由於雙氫睪酮會導致攝護腺肥大，也會造成脫髮，所以服用非那雄胺可以緩解攝護腺肥大和脫髮。

美國 FDA 在 1992 年核准波斯卡（Proscar）用於治療攝護腺肥大，然後在 1997 年核准柔沛（Propecia）用於治療脫髮。每顆波斯卡錠劑含有 5 毫克的非那雄胺，而每顆柔沛錠劑則是含有 1 毫克的非那雄胺。依照美國 FDA 的規定，波斯卡只能用來治療攝護腺肥大，而柔沛則是只能用來治療脫髮，但是有些醫生會「標籤外處方」（off-label prescribe）波斯卡來治療脫髮。

由於每顆波斯卡錠劑含有 5 毫克的非那雄胺，所以醫生開處方給脫髮患者時會指示要將每顆錠劑切成四塊，而如此每塊就含有約 1.25 毫克的非那雄胺。1.25 毫克與 1 毫克（柔沛錠劑的非那雄胺含量）之間的區別的確是微不足道，所以讀者是不需要擔心會有濃度不一或超量的問題。

至於讀者 Mr. Zhang 所說的「有醫師說切開後沒有膜衣保護，對吸收和保存藥效都會有負面影響」，我們來看 2014 年發

表的論文〈壓碎藥片或打開膠囊：許多不確定因素，一些已確定危險〉[1]。它的文摘如下：

壓碎藥片或打開膠囊對患者的臨床後果可能很嚴重：藥物吸收的改變有時會導致致命的過量服用，或相反的劑量不足，從而導致治療無效。當它破壞藥物的緩釋特性時，活性成分將不再釋放並逐漸被吸收，從而導致藥物過量。當抗胃液層因擠壓而被破壞時，可能會出現劑量不足的情況。釋放的活性成分可能會在接觸光、水分或與其混合給藥的食物時降解。壓碎藥片或打開膠囊的人會接觸到可能致癌、致畸或胎兒毒性的藥物顆粒。它們有時會引起過敏。在實踐中，有許多藥物絕不能壓碎或打開。在壓碎藥片或打開膠囊之前，最好考慮和研究它對藥物作用的影響。有時最好使用不同的劑型或不同的活性成分。

但是，儘管這篇論文做出這麼嚴重的警告，據我所知，醫生指示將藥片切成二分之一或四分之一，是很普遍的現象。而事實上，市面上就有各式各樣的切藥器（pill cutter）。所以，我個人認為，就只針對藥效及副作用而言，服用四分之一顆的波斯卡錠劑應該是相當於（相去不遠）服用一顆柔沛錠劑。

柔沛和斯波卡的副作用性慾降低是可逆的嗎？

至於「性慾降低的副作用是否有不可逆的可能」這個問題，我必須先說，有關柔沛和波斯卡的不良副作用，文獻上記載的絕非只有「性慾降低」而已，而是有一個所謂的「非那雄胺後症候群」（post-finasteride syndrome，PFS）。我們來看 2019 年發表的論文〈非那雄胺後症候群：新興的臨床問題〉[2]。它的部分文摘如下：

雖然這些藥物通常耐受性良好，但許多報告描述了男性在治療期間的不良反應，例如性功能障礙和情緒改變。此外，也有報導稱，部分患者可能會出現持續的副作用。這種情況稱為非那雄胺後症候群（PFS），其特徵是性副作用（即性慾低下、勃起功能障礙、性喚起減少和難以達到性高潮）、抑鬱、焦慮和認知問題，而儘管停藥後這些症狀仍然存在。事實上，一些國家機構（例如瑞典醫療產品管理局、英國藥品和保健品監管機構、美國食品和藥物管理局）要求在非那雄胺標籤中包含多種持續性副作用。正如此處報導的那樣，這些觀察結果主要基於患者對症狀的自我報告，迄今為止進行的臨床研究很少。此外，這種不良反應背後的分子機制和／或遺傳決定因素在患者

和動物模型中的研究都很少。因此，這裡討論的結果表明PFS是一個新出現的臨床問題，需要進一步闡明。

再來看2022年發表的論文〈非那雄胺後症候群。文獻綜述〉[3]，它的結論是：

非那雄胺很少與構成所謂的「非那雄胺後症候群」的性和全身不良反應相關。世界上對這種症候群的研究還很少。

另外，還有2022年發表的論文〈5-α 還原酶抑制劑相關訴訟：法律數據庫審查〉[4]，其結論是：

5-α 還原酶抑制劑被指控具有性、精神和身體副作用，導致法律訴訟。儘管如此，沒有發現任何針對醫生或製藥公司的判決。我們確實注意到並討論了大量庭外和解的訴訟。鑑於過去三年導致判決的訴訟數量增加，我們懷疑在可預見的未來圍繞5-α 還原酶抑制劑的訴訟頻率將繼續。

從這三篇論文可以看出，儘管醫學界對於「非那雄胺後症候群」是否真的存在仍然是爭論不休，但藥物監管機構如

FDA，已經強制藥商必須在柔沛和波斯卡的仿單上註明這些可能的不良副作用，而相關的法律訴訟還是層出不窮。所以，對於讀者所問的「性慾降低的副作用是否有不可逆的可能」，我只能說，醫學界目前是各說各話，沒有共識。

欣髮源，停止落髮並啟動新髮生長？

讀者康小姐在 2020 年 8 月 20 日詢問：「林教授您好，最近因親人生病在尋找相關資料，看到關於胸腺素與 T 細胞的文章，請問『接受胸腺素治療可防癌於未然』是否有其具體根據或只是廠商的話術呢？因為日本久留米大學主持的多胜肽疫苗臨床試驗計劃已經關案了，又或者文中內容與胜肽針劑是不同的產品呢？另外此網站積極推銷的胸腺素胜肽生髮也是噱頭吧？胜肽精華只能停留在皮膚表面，不可能可以進入細胞作用？還要麻煩林教授解惑，謝謝。」

康小姐提供了三個網路連結文章，以下就來分析這三篇文章。第一篇是 2015 年 6 月 24 日由「欣髮源」發表在《痞客邦》的〈癌症的免疫療法——胸腺素的臨床應用〉。這篇文章實際上是轉載，而非原創。原創文章 [5] 是 2008 年發表在《台灣醫界》，作者是趙榮杰醫師，此文是在介紹胸線素之臨床應用，尤其是

用於癌症治療。欣髮源之所以會轉載這篇與「頭髮」毫不相干的文章，應該是為了要凸顯胸腺素的了不起。既然連癌症都能治療了，那禿頭又算什麼，不是嗎？

第二篇是 2014 年 4 月 17 日由「Mm 小天地」發表在《痞客邦》，標題是「你不能不知道的抗雄性禿新療法 —— 胸腺素」。此文在一片天花亂墜之後，總結說：「在不同形式的脫髮 Thymuskin 欣髮源的使用經驗成效，已在多項臨床研究被證實。其生物有效性依賴於足夠的濃度，並且持續使用至少六個月以上可以確保毛囊存在。」

第三篇文章是發表在「Thymuskin 欣髮源」的官方網站，標題是「德國欣髮源 THYMUSKIN——2015 臨床實驗綜合評估報告」。此文先做了一些版權聲明以及免責聲明，然後就發表「關鍵發現報告『停止落髮並啟動新髮生長』」。這份報告很長，也秀出一大堆圖表和數據來顯示產品療效。尤其是其中一個圖片所顯示的是一個四十歲的全禿患者在使用欣髮源一年後，長出一頭茂密的長髮。我真的是非常希望讀者能親眼看到這張圖片，因為它所呈現的，可以說是醫學界有史以來最大的突破之一。（由於本人前額光亮，所以看到這張圖片後，興奮得徹夜難眠。）

可是，儘管數據令人振奮無比，這份「關鍵發現報告」卻

沒有提供任何可資查證的資料來源，只是在最下面說「如需更多詳細資料請聯絡德國 THYMUSKIN® 德國官網 www.thymuskin.de」。所以，我就趕緊去那個官網查看，但結果非常失望，因為它非但沒有提供更多詳細資料，反而是連這份「關鍵發現報告」都沒秀出。

既然是碰了壁，我也就只好摸著鼻子，很失落地去公共醫學圖書館 PubMed 搜尋，結果有搜到兩篇用德文發表的論文（發表在德文期刊）。第一篇是在 1986 年發表的〈在細胞抑制療法中使用「thymu-skin」頭髮療法預防脫髮的經驗〉[6]，其結論是：我們能夠證明，強力誘導脫髮的強效聯合化學療法，使用「胸腺皮膚」頭髮療法幾乎無法避免掉髮。因此，我們認為在已經非常精神緊張的患者中喚起無法實現的期望是不合理的。因此，與患者就此類副作用進行公開詳細的討論仍然是當務之急。

第二篇是在 1990 年發表的〈婦科脫髮的診治方法〉[7]，其結論是：用製劑（thymu-skin）治療後，所有病例的 73% 表現出脫髮改善。該配方似乎是荷爾蒙療法的有效替代品。它易於管理，沒有副作用或禁忌症。它也證明可以建議將其與化學療法聯合用於預防性使用。

我也有用 thymuskin 關鍵字在谷歌搜索，但搜到的都是一些在做推銷的商業資訊，而沒有任何醫療方面的資訊。所以，我

一方面是自己感到很失望，另一方面是要跟讀者說抱歉，因為我能幫忙查到的資料，也就只有上面這些而已。

 林教授的科學健康指南

1. 柔沛和波斯卡是劑量不同的非那雄胺錠劑。非那雄胺可以阻止睪酮轉變為雙氫睪酮。由於雙氫睪酮會導致攝護腺肥大，也會造成脫髮，所以服用非那雄胺可以緩解攝護腺肥大和脫髮

2. 醫學界對於「非那雄胺後症候群」是否真的存在仍然是爭論不休，但藥物監管機構如 FDA，已經強制藥商必須在柔沛和波斯卡的仿單上註明這些可能的不良副作用

抗焦慮藥物分析：贊安諾、怡必隆

\# 苯二氮平、丁螺環酮、焦慮、失眠、阿茲海默、失智

長期服用抗焦慮藥和安眠藥會造成失智嗎？

讀者黃小姐在 2018 年 12 月 9 日提問：「請問林教授，抗焦慮藥物像贊安諾等，若長期服用，會不會有失智之虞？因家人有睡眠問題，目前還不用到安眠藥，服用贊安諾即可。但長期服用此類藥物，聽說跟安眠藥一樣有失智之虞？若蒙回覆不勝感激。我也訂購了一本您的新書，期待早日讀到它。謝謝您。」

首先，謝謝黃小姐支持我的新書。再來，我在討論關於「阿茲海默症的預防和療法」的文章裡有說，安眠藥是否會增加阿茲海默症的風險，仍具爭議。還有，我也需要澄清，黃小姐所擔心的「失智」，英文是 dementia，由於失智比較會發生在老年人身上，往往也被說成是「老人痴呆」。更讓人一個頭兩個大的是，「老人痴呆」又往往會與「阿茲海默症」混為一談（儘管後者只占前者的 70% 左右）。所以，請讀者注意，為了避免一再重複解

釋，我也不得不將「失智、老人痴呆、阿茲海默症」混為一談。

那抗焦慮藥物像贊安諾（Xanax），若長期服用會有失智的風險嗎？贊安諾是商品名，它所含的有效成分是 alprazolam。此一成分是屬於苯二氮平類（benzodiazepine）藥物，而這類藥物裡，有些是用於安眠，有些則是用於抗焦慮。但不管如何，它們的藥理機制是大同小異（都是降低神經興奮）。所以，我就列舉六篇探討此類藥物是否會造成失智的臨床報告。

一、2012 年論文〈苯二氮平類藥物的使用和失智症的風險：基於前瞻性人群的研究〉[1]；二、2014 年論文〈苯二氮平類藥物的使用和阿茲海默症的風險：病例對照研究〉[2]；三、2015 年論文〈苯二氮平類藥物的使用和發生阿茲海默症或血管性痴呆的風險：病例對照分析〉[3]；四、2016 年論文〈苯二氮平類藥物的使用和痴呆或認知能力下降的風險：基於人群的前瞻性研究〉[4]；五、2017 年論文〈苯二氮平類藥物的使用和發生阿茲海默症的風險：基於瑞士聲明數據的病例對照研究〉[5]；六、2018 年論文〈與苯二氮平類藥物及其相關藥物有關的阿茲海默症風險：巢式病例對照研究〉[6]。

在這六篇報告裡，2012 年、2014 年和 2018 年那三篇是認為苯二氮平類藥物會增加失智或阿茲海默症的風險，但其他三篇則不認為。**由此可見，這仍然是一個爭吵不休的議題。而之**

所以會如此，主要是因為每個人的心理心智是由錯綜複雜的因素在影響。也就是說，由於實驗樣本的差異性或變化性太大，使得統計學的應用出現困難，最終導致各說各話的結論。

不管如何，我在《餐桌上的偽科學》210頁〈阿茲海默症的預防和療法（下）〉這篇文章有建議，要盡量用生活型態調整來應付失眠。在這裡，我還是一樣建議要用生活型態調整來應付焦慮。

抗焦慮藥怡必隆的功效和副作用

上一段文章發表後，讀者Jerry在2023年5月7日留言：「我母親正在服用抗焦慮的藥物Sepirone作為對抗失智的藥物組合之一。假使我沒記錯，當初醫生說該藥物主要是用來對抗癲癇。但我母親之前因為認知功能障礙，脾氣變得較為暴躁，所以醫生才增開此藥，期望可以降低我母親發生暴躁的機率。此藥物似乎並沒有含有 benzo⋯⋯」

如同我之前的文章所說，常用的抗焦慮藥和安眠藥是屬於苯二氮平類藥物（benzodiazepine，俗稱 benzo），這類藥物是有可能會造成失智。讀者Jerry提到的Sepirone是藥物的商品名，在台灣叫做「怡必隆」，裡面的成分是丁螺環酮（buspirone）。

所以，在接下來的討論我就用「丁螺環酮」這個成分名。

丁螺環酮是在 1968 年首次合成，1975 年獲得專利，1986年上市。它原本是被開發為抗精神病藥，但後來發現無效，才轉而開發成為抗焦慮藥。丁螺環酮最近重新受到青睞，而這主要是因為它的副作用比其他抗焦慮藥來得少。丁螺環酮被 FDA批准的適應症是「焦慮症的管理或焦慮症狀的短期緩解」，而主要是用於治療「廣泛性焦慮症」。但是，因為它的臨床效果通常需要二至四週才能達到，所以作為急性抗焦慮藥幾乎沒有療效。這是跟 benzo 非常不同的地方，因為 benzo 的療效非常快（三十分鐘）。

丁螺環酮似乎也可用於治療其他各種神經和精神疾病，例子包括減輕帕金森氏症治療的副作用、共濟失調、抑鬱症、社交恐懼症、腦損傷後的行為障礙，以及伴隨阿茲海默症、失智和注意力缺陷障礙的副作用。儘管在使用丁螺環酮治療上述疾病之前需要進行額外的有效性研究。有關讀者 Jerry 所說的「Sepirone 作為對抗失智的藥物組合之一」，請看以下兩篇論文。

一、2015 年論文〈丁螺環酮：回到未來〉[7]：丁螺環酮是一種藥理上獨特的阿扎匹隆類（azapirone）藥物。它對治療廣泛性焦慮症有效，但對其他焦慮症無效。丁螺環酮單獨或與抗抑鬱藥一起治療抑鬱症和治療不良性反應也有效。丁螺環酮可被視

為一種可以治療老年失智症患者易激惹和攻擊性行為的選擇，但還需要進行額外的有效性研究。丁螺環酮和褪黑激素可以協同促進神經生成，支持這種組合用於治療憂鬱症和認知障礙的潛在用途。

二、2017 年論文〈丁螺環酮治療失智伴隨行為騷亂〉[8]：行為騷亂是失智症患者常見但嚴重的症狀。目前，沒有 FDA 批准用於此目的的藥物。已有使用丁螺環酮的病例報告和小型病例系列。在這項回顧性研究中，我們回顧了一百七十九名處方丁螺環酮治療失智症行為騷亂的患者，以更好地描述療效和潛在副作用。審查了老年精神病學外展計劃中因失智症導致的行為騷亂而處方丁螺環酮的所有患者。……丁螺環酮似乎可有效治療失智症的行為騷亂。

頭暈是丁螺環酮最常見的副作用，發生在超過 10% 的患者。根據 FDA 產品標籤，以下不良事件報告發生在 1% 至 10% 的患者中。一、中樞神經系統：夢境異常、共濟失調、意識模糊、頭暈、嗜睡、興奮、頭痛、緊張、麻木、暴怒、感覺異常。二、眼科：視力模糊。三、耳部：耳鳴。四、心血管：胸痛。五、呼吸系統：鼻塞。六、皮膚科：出汗、皮疹。七、胃腸道：腹瀉、噁心、喉嚨痛。八、神經肌肉和骨骼：肌肉骨骼疼痛、震顫、無力。九、肝臟：無黃疸的血清酶升高的個別病例。

　　此外，請看一篇 2023 年發表的論文〈與丁螺環酮給藥相關的精神病惡化和對鼻內給藥的擔憂：病例報告〉[9]：丁螺環酮通常用於治療廣泛性焦慮症，與其他抗焦慮藥相比，其副作用較少。丁螺環酮通常被認為是安全的，神經精神不良反應並不常見。有罕見的臨床病例報告表明丁螺環酮誘發精神病。我們在此介紹一個丁螺環酮惡化精神病的案例。患者初步診斷為分裂情感障礙，在住院期間接受了抗精神病藥物治療，但在兩次不同的情況下服用丁螺環酮後，他的症狀惡化了。在第一次丁螺環酮試驗期間，患者表現出攻擊性增加、行為古怪和偏執等特徵。在患者承認將藥片藏起來以後通過鼻腔攝入後，丁螺環酮停用了。第二項試驗導致與食物相關的偏執狂症狀反覆加重，並且口服攝入量大幅減少。

 林教授的科學健康指南

1. 常用的抗焦慮藥和安眠藥是屬於苯二氮平類藥物，這類藥物是有可能會造成失智

2. 我建議，盡量用生活型態調整來應付失眠。同樣地，我也建議要用生活型態調整來應付焦慮

2-4

減肥神藥？
「瘦瘦筆」臨床試驗與最新報告

＃索馬魯肽、減重筆、二型糖尿病、諾和諾德、禮來、GLP-1

減肥新寵兒「索馬魯肽」

頂尖的《新英格蘭醫學期刊》在 2021 年 2 月 10 日發表一篇臨床研究論文〈成人過重或肥胖的每週一次索馬魯肽〉[1]，文中表示「索馬魯肽」（semaglutide）加上「生活型態干預」（lifestyle intervention）能有效減肥。在論文的一開始，研究人員指出：**生活型態干預，也就是低熱量飲食和經常運動，是體重管理的基石，但大多數人仍然無法長期維持不再變胖，所以才會想要試驗用藥物治療。**

索馬魯肽是由丹麥的諾和諾德（Novo Nordisk）製藥公司研發生產的，用來治療二型糖尿病（控制血糖）。皮下注射劑型和口服劑型是分別在 2017 年 12 月和 2019 年 9 月獲得美國 FDA 核准，而歐盟、加拿大等國家也在幾個月後跟進。

　　由於糖尿病患在使用索馬魯肽後有出現減肥的現象，所以諾和諾德公司才會想試驗索馬魯肽對沒有糖尿病的人是否也有減肥的作用。這項試驗在亞洲、歐洲、北美和南美的十六個國家共一百二十九個地點進行，所有參與者的年齡都在十八歲以上，至少有一次飲食減肥失敗的經驗，並且 BMI 在 30 或以上（也就是肥胖），或在 27 以上（也就是過重，再加上有一項以上的體重相關毛病）。患有糖尿病或曾接受過治療肥胖症手術的人都被排除在外。

　　共有 1,961 名參與者按 2：1 的比例被隨機分配接受索馬魯肽（1,306 人）或安慰劑（655 人）皮下注射。接受索馬魯肽皮下注射的人最初每週接受一次 0.25 毫克的劑量。四週後，每四週就增加劑量一次，直至第十六週達到每週 2.4 毫克為止，然後就維持每週 2.4 毫克的劑量直至第六十八週（一年四個月）整個實驗結束為止。在這過程中如果有人出現不良反應，就按情況降低劑量。生活型態干預是包括每四週進行一次諮詢會議，以幫助參與者堅持低熱量飲食並增加體育鍛鍊（鼓勵每週一百五十分鐘）。參與者需要用手機或其他工具記錄每日飲食和活動。

　　這項試驗結果顯示：

　　一、在第六十八週（一年四個月）治療組的體重平均減少14.9%，而安慰劑組則減少 2.4%。

二、體重減輕 5% 或更多：治療組有 1,047 人（86.4%），安慰劑組有 182 人（31.5%）。

三、體重減輕 10% 或更多：治療組有 838 人（69.1%），安慰劑組有 69 人（12%）。

四、體重減輕 15% 或更多：治療組有 612 人（50.5%），安慰劑組有 28 人（4.9%）。

五、與安慰劑組相比，接受索馬魯肽的患者在腰圍、BMI以及收縮壓和舒張壓方面也都出現較大的降幅，而糖化血紅蛋白、空腹血糖、C 反應蛋白、腹脂質和身體機能也都有較大幅度的改善。

六、不良副作用的發生率在治療組是 74.2%，在安慰劑組是 47.9%。最常發生的不良副作用是胃腸道疾病，包括噁心、腹瀉、嘔吐和便秘。

瘦瘦筆，有效嗎？最新報告

目前市面上有兩款用於治療肥胖的 GLP-1 激動劑（GLP-1 agonists），分別是丹麥藥廠諾和諾德的 Wegovy 和美國藥廠禮來的 Mounjaro。由於二者都是形狀像鋼筆的皮下注射針劑，所以在台灣俗稱為減肥筆或瘦瘦筆。這兩款減肥藥都替公司賺到鉅

額利潤，因此有幾十款其他品牌的瘦瘦筆或口服減肥藥也即將上市。

《美國醫學會期刊》（JAMA）在 2024 年 2 月 29 日發表一篇觀點評論〈GLP-1 激動劑治療肥胖──成功的新秘訣？〉[2]，作者是美國塔夫茨大學（Tufts University）的心臟科醫師兼教授達里烏什・莫扎法里安（Dariush Mozaffarian）。這篇文章指出，**雖然瘦瘦筆被大力吹捧，但實際上並無法達到長期減肥，更由於價格昂貴，終究只是浪費健保資源。作者認為，要達到真正有效的長期減肥，還是要靠飲食和運動。**我把這篇文章的重點整理和翻譯如下：

從 2021 年到 2023 年，諾和諾德和禮來這兩家製造商的股價漲了三倍多，目前合併市值超過一兆美元。然而，對於現實世界的花費、耐受性和取得存在臨床和公眾困惑。

瘦瘦筆在美國的售價為每年 12,000 到 16,000 美元。即使有最大的協商折扣，每年的花費也可能超過 6,500 美元。如果所有符合資格的美國成年人都以折扣價接受瘦瘦筆治療，那麼每年的費用將達到六千億美元，相當於美國所有其他處方藥支出的總和。

在建立瘦瘦筆功效的試驗中，體重減輕在十二至十八個月

內達到停滯期。而且，如果停止用藥，患者通常會在一年內恢復減掉的體重。對於給付方來說，這造成了成本高昂的情況。體重減輕在早期發生，但隨後趨於平穩，需要多年的持續治療才能維持最初的效果。這解釋了為什麼即使有健康益處和折扣價格，這些藥物也不具有成本效益，每個生活品質調整人年（quality-adjusted life year，QALY）的增量成本為 237,000 美元至 483,000 美元。

現實世界的長期耐受性也很低。在一項大型分析中，只有 27% 的瘦瘦筆使用者在一年後仍堅持使用。由於減掉的體重通常在停藥後又會恢復，這為給付方帶來了另一個令人煩惱的難題：如果大多數患者最終停止使用瘦瘦筆而體重反彈，那麼最初的投資可能是不恰當的。

面對這種困境，可以考慮另一種解決方案：分階段瘦瘦筆治療，加上長期生活方式規劃。這樣的計劃應包括營養、烹飪、運動和睡眠，並利用遠距醫療、應用程式、同伴支持、人工智慧和遊戲化。在這個提議的範例中，所有符合條件的患者都將接受瘦瘦筆治療以及生活方式規劃，然後在十二至十八個月時停止使用瘦瘦筆，但仍長期維持生活方式規劃。

現在是時候來測試這個方案，這可能會開始遏制肥胖帶來的健康和成本負擔。

林教授的科學健康指南

1. 索馬魯肽原本是用來治療二型糖尿病（控制血糖），而糖尿病患在使用索馬魯肽後有出現減肥的現象，經過臨床試驗，於 2024 年獲得 FDA 批准，用於治療肥胖。由於形狀像鋼筆的皮下注射針劑，在台灣被稱為瘦瘦筆或減重筆

2. JAMA 在 2024 年最新文章中指出，雖然瘦瘦筆被大力吹捧，但實際上並無法達到長期減肥，更由於價格昂貴，終究只是浪費健保資源。要達到真正有效的長期減肥，還是要靠飲食和運動

從療法變詐術：安慰劑效應與順勢療法

\#反安慰劑、自然療法、對抗療法、非科學思維

藥物和安慰劑，有什麼區別？

許姓讀者在 2023 年 9 月 10 日詢問：「有一個關於安慰劑的問題放在心裡一段時間了，忽然想到可以請教林教授。既然安慰劑效應是已經被確認的，是否有人研究如何擴大安慰劑的效益？如果我販賣高價藥品，或是強調神蹟，導致買藥的病人或信徒信心滿滿，所以安慰劑效應發威而痊癒，這不是也很好嗎？這樣我還算是騙子嗎？印象中有見過癌症藥物只有 10% 至 20% 的療效就可以上市，對於這類癌症，安慰劑效應如果能提升到 10% 至 20%，不也該視為是一種合理的療法嗎？謝謝教授沒有嘲笑我的問題。」

有關「是否有人研究如何擴大安慰劑的效益」這個問題，答案是肯定的。事實上有關如何利用安慰劑效應來改善健康，在過去三十多年來已經有非常大量的研究。請看 1994 年發表

在頂尖醫學期刊《刺胳針》（Lancet）的論文〈在醫療保健中利用安慰劑效應〉[1]，以及 2020 年發表在《美國藥學教育期刊》（American Journal of Pharmaceutical Education）的論文〈利用安慰劑反應來改善健康結果〉[2]。

　　至於「安慰劑效應發威而痊癒」這個問題，我必須先解釋「安慰劑」（placebo）是如何定義。法布里奇歐・貝內德蒂（Fabrizio Benedetti）醫生是義大利都靈大學（University of Turin）醫學院神經科學系的教授，他研究安慰劑效應已經將近三十年，並且發表了一百五十八篇收錄在 PubMed 的相關論文，可以說是這方面的權威。2022 年他在醫學期刊《臨床神經精神醫學》（Clinical Neuropsychiatry）發表一篇編輯評論〈藥物和安慰劑：有什麼區別？〉[3]，摘錄其中的第一段如下：

　　定義一個藥物並不困難。它是一種傳遞到身體並通過作用於一個或多個生化途徑產生生物效應的分子，例如通過與受體結合或通過改變酶的活性。安慰劑的定義則是複雜得多。通常，它被定義為不具有藥理作用的惰性物質。然而，這是一個非常膚淺和草率的定義，因為安慰劑是由許多成分組成的，例如文字、儀式、符號和含義。因此，安慰劑不僅僅是惰性物質，而是在一系列感覺和社會刺激中施用，告訴患者正在接受

有益的治療。事實上，安慰劑是治療行為的整個儀式。

安慰劑與反安慰劑

貝內德蒂醫生也在 2022 年在醫學期刊《藥理學和毒理學年度回顧》（Annual Review of Pharmacology and Toxicology）發表論文〈安慰劑和反安慰劑三十年的神經科學研究：有趣的、好的和壞的〉[4]。**標題裡的「反安慰劑」（nocebo）指的是，相對於安慰劑是會產生有益的結果，反安慰劑是會產生有害的結果。**

有關反安慰劑的案例是多不勝數，例如我在前一個章節探討過的減肥新藥「瘦瘦筆」。這款新藥在做臨床試驗時被發現會產生胃腸道方面的不良副作用，包括噁心、腹瀉、嘔吐和便秘。這些副作用的發生率在治療組是 74.2%，而在安慰劑組竟然也高達47.9%。也就是說，將近半數接受安慰劑治療的人竟然也會出現不良副作用，而這就是所謂的「反安慰劑效應」（nocebo effect）。

上面這篇論文標題裡「有趣的、好的和壞的」的意思是，三十多年來安慰劑和反安慰劑的研究已經挖掘到一些有趣的現象以及一些好的影響（例如用安慰劑來治療精神疾病和疼痛），但是同時也造成一些壞的影響。有關壞的影響，貝內德蒂醫生是這麼說的：

在過去的幾年裡，用安慰劑效應這類研究來證明他們奇怪的醫療手法的非醫療組織和治療師的數量有所增加。他們的主要理由是，任何提高患者期望的醫療手法都是可以接受的，因為它可以激活那些硬科學證明可信的安慰劑機制。關鍵的一點是，當硬科學開始研究安慰劑效應時，它無意中允許非科學思維發生轉變。江湖騙子和江湖醫生越來越意識到，他們不尋常且常常怪異的干預措施可能會產生安慰劑效應。在許多情況下，他們不再對證明他們的偽干預措施如何或是否有效的試驗感興趣；相反地，他們根據強烈的安慰劑效應來證明其使用的合理性。更令人擔憂的是，他們聲稱的疾病，例如癌症和傳染病，以及使用這些未經證實的干預措施所造成的危害。顯然，安慰劑抗生素不能殺死引起肺炎的細菌，安慰劑避孕藥也不能防止懷孕。同樣地，沒有科學證據表明安慰劑對抗凝劑和抗血小板藥物等藥物或骨質疏鬆症或許多心血管疾病等疾病有作用——對安慰劑不敏感的疾病是多不勝數。

從這段話可以看出兩點：一、**雖然安慰劑的確是對某些疾病（尤其是疼痛）具有療效，但很不幸的是，這種效應已經被很多江湖術士用來正當化他們從事的詐騙性醫療行為。二、儘管這些江湖術士會聲稱他們的秘方可以通過安慰劑效應來產**

生療效，但事實上有非常多的疾病是不可能用安慰劑來治療的（例如細菌性肺炎、骨質疏鬆、心血管疾病），而安慰劑也絕無可能可以防止懷孕或血液凝固 。

所以，對於讀者所問的「……買藥的病人或信徒信心滿滿，所以安慰劑效應發威而痊癒，這不是也很好嗎？」，我的回答是：「這種療法大多是無效的，而且會阻礙患者尋求真正有效的療法。更可怕的是，江湖術士的療法可能是會致命的。」最後，讀者所問的「對於這類癌症，安慰劑效應如果能提升到 10% 至 20%，不也該視為是一種合理的療法嗎？」，我的回答是：「正規醫學不可能會做安慰劑治療癌症這樣的臨床試驗，因為這是不道德的，所以我們永遠不可能會知道安慰劑效應是否能提升到 10% 至 20%。可以肯定的是，江湖（民俗）療法是會致命的。」

「順勢療法」只是安慰劑效應

讀者 charles kuan 在 2020 年 12 月 19 日詢問：「林教授好。看過您許多文章，非常支持以科學觀點討論問題的態度。有一個困擾多年的問題請教。所謂的順勢療法到底有沒有科學依據支持，我太太非常相信，非逼著我去看順勢療法醫生，給幾顆甜甜藥物後測量血壓，非讓我說感覺好多了。我比較相信西醫，但是

似乎順勢療法也有學校發給證書啥的，到底它有治療效果嗎？」

順勢療法（homeopathy），顧名思義，就是讓病患的身體來療癒自己，而療師或藥物所扮演的角色就只是順水推舟，而且是推得越輕越好。順勢療法的反義詞是對抗療法（allopathy），對抗療法就是兵來將擋、水來土掩，也就是目前的主流醫學（即所謂的西醫）。

「順勢」聽起來很舒服，「對抗」聽起來很暴力，這就是為什麼有人會崇拜順勢療法的原因之一。當然，對抗療法往往會有副作用，例如止痛藥會引發胃出血、肝腎損傷等等，所以這也是為什麼有人會轉向順勢療法求助的原因之一。

順勢療法的起源通常說是由德國人薩穆埃爾·哈內曼（Samuel Hahnemann）在 1700 年代後期創立的，有兩個核心原則：一、「以同治同」（Like Cures Like），意思是什麼東西能造成某一疾病的症狀，它就能治療該疾病。例如野山茄（也叫做顛茄）會引起發燒的症狀，所以它就可以被拿來緩解疾病所引起的發燒。二、「無窮小定律」（Law of Infinitesimals），意思是把藥物一次又一次地稀釋，就可以使得藥物的效力一次又一次地增強。

這種越稀釋效力就越強的「定律」顯然是違反常理，所以順勢療法的鼓吹者就編出一個很棒的解釋。他們說，每次稀釋時都要「潛力化」（potentiate），這樣就會使得原料的特性被水分

子記住，所以儘管原料已經不復存在，它的療效卻仍然存在，而且還更強。所謂潛力化就是在稀釋時用力搖晃混合，這樣就能把藥物的療效轉移到水分子。

如果藥物是可溶的，則將一份稀釋於九或九十九份蒸餾水或酒精中，並用力搖晃混合。如果藥物是不可溶的，則先將它磨成粉末，然後才進行稀釋。第一次稀釋十倍是用 1X 做代表，第二次再稀釋十倍就用 2X 做代表，以此類推。第一次稀釋一百倍是用 1C 做代表，第二次再稀釋一百倍就用 2C 做代表，以此類推。大多數順勢療法的產品是 6X 到 30C，但也有些是高達 200C（即一百倍稀釋重複做了兩百次，大概相當於用整個地球的水來稀釋 1cc 的藥吧）。

順勢療法是合法的，而從業者也是有執照的。除了一些專門診所之外，有些醫院也會提供這種服務。可是要知道，醫院是以營利為目的，所以只要有錢賺，有效沒效並不會是必要的考量。畢竟，一個願打一個願挨，不是嗎？

順勢療法的安全性及有效性未經證實

美國 FDA 有發表一篇關於順勢療法產品的文章[5]，我把重點整理如下：

一、順勢療法的產品通常是以天然、安全和有效的替代品形式在銷售，但它們全都未經 FDA 評估過安全性或有效性。

二、順勢療法的產品可能包含多種物質，包括源自植物、健康或有病的動物或人類來源的成分，礦物質和化學物質。

三、雖然順勢療法的產品通常是標記為高度稀釋，但 FDA 已發現有些產品含有可測量到的活性成分，因此可能對患者造成重大傷害。此外，FDA 也已經發現有些產品稀釋不正確並增加汙染的可能性。最值得關切的是，有些順勢療法的產品聲稱能治療嚴重的疾病或狀況，例如癌症。

英國國家健康服務（National Health Service，NHS）也有發表一篇關於順勢療法的文章[6]，一開頭用黑體字寫著：「順勢療法是基於使用高度稀釋的物質來進行『治療』的方法，從業者聲稱這可以導致身體自癒。」請注意這句話是特別把「治療」加上引號，而其用意就是對順勢療法是否具有療效表示懷疑。

這篇文章接下來的兩段是：「下議院科學技術委員會 2010 年關於順勢療法的報告[7]稱，順勢療法的療效並不比安慰劑（假療法）好。英格蘭 NHS 於 2017 年表示將不再資助順勢療法，因為缺乏任何證明順勢療法有效性的證據，無法證明其成本合理。這得到了高等法院 2018 年判決的支持。」

美國有一個專門在打擊偽科學的網站《基於證據的醫學》（Science-Based Medicine），此網站從 2008 年到 2013 年總共發表了六十篇有關順勢療法的文章，然後又發表了一篇總匯文章[8]，它的結尾說：「但是，順勢療法的最大風險是它經常會延遲準確的科學診斷和真正有效的治療。對順勢療法存有可以治療任何疾病的幻想可能會導致不必要的傷害，致殘，甚至死亡」。

 林教授的科學健康指南

1. 雖然安慰劑的確是對某些疾病（尤其是疼痛）具有療效，但有非常多的疾病是不可能用安慰劑來治療的，例如細菌性肺炎、骨質疏鬆、心血管疾病

2. 所謂的自然或民俗療法大多是無效的，而且會阻礙患者尋求真正有效的療法。更可怕的是，江湖術士的療法可能是會致命的

3. 順勢療法是合法的，而從業者也是有執照的，但這是商業行為，與是否有效無關

4. 順勢療法最大風險是它經常會延遲準確的科學診斷和真正有效的治療。對順勢療法存有可以治療任何疾病的幻想可能會導致不必要的傷害

CGM 與血糖女神的商業行銷

＃血糖震盪、CGM 連續葡萄糖偵測儀、Anti-Spike Formula

　　讀者 Bear 在 2023 年 9 月 11 日留言詢問，討論了很多有關血糖波動的問題，例如：「我使用 CGM 發現，小的麥香魚漢堡（無蔬菜），食用前血糖 91，一小時後 190，二小時後 89，實在相當可怕。白麵（牛肉麵，不是細麵）也可以一小時衝到 160，二小時後又降到 100 以下。」「游 ×× 醫師甚至推出 133 餐盤，強調飯只要一份（四分之一碗）。但是我飯吃三分之一碗已經瘦到不成人形了，殘念。目前嘗試吃半碗糙米飯，之所以小心翼翼是發現我吃澱粉類對血糖上升很敏感。」「我比較不清楚的是，如果二小時血糖在 60 以內，但最高血糖衝到 140 以上（150、160），是可以接受還是算是不健康？找不到相關資訊……」

非糖尿病患者不需要經常性地量測血糖

　　這三則留言牽扯到兩個頗具爭議的議題：一、CGM；二、

所謂的「血糖震盪」。血糖震盪並非正規的醫學名詞，為了找到這個詞的原始出處，我在谷歌做逐年搜索，搜到最早是出現在〈護眼好夥伴：玉米〉[1] 這篇文章的第二段：「但玉米因屬於低升糖指數（GI）食物，醣類密度每 1 公克僅占 0.2 公克左右，適合替代白米飯等高 GI 主食用，是減重時期的好選擇，雖不致飯後血糖震盪，但若吃多了還是會胖喔！」

這篇文章是發表在台灣癌症基金會的網站，作者是營養師張心怡，谷歌搜索顯示發表日期是 2011 年 8 月 25 日。所以，這篇文章是不是「血糖震盪」的最早出處，還無法確定。可以確定的是，這個詞的最主要推手是一位所謂的「自然醫學營養治療師」。她首先是在 2012 年出版的《要瘦就瘦，要健康就健康》書裡說「未搭配油脂與蛋白質的碳水化合物會大力震盪血糖」，接下來幾年又一再用影片和文章來倡導「血糖震盪」這個另類醫學名詞。

針對這位「治療師」的謬論，糖尿病專科醫師黃峻偉在 2015 年 9 月 4 日發表〈正常人的血糖波動〉[2]，一開頭就說：「很多人，包括醫學系畢業的醫學生，對於血糖的波動並不瞭解，因此常常被血糖震盪這種錯誤名詞給騙了，以為真的有血糖震盪這種東西。當然，身為科學人，要打臉就一定得拿出科學資料出來佐證。」黃醫師在最後說：**「事實上就是，正常人其實**

不需要經常性地測量血糖，因為那樣的血糖波動，根本沒太大
意義，而且只是浪費錢的做法。在台灣，一般族群四十歲到六
十四歲有三年一次的健康檢查，六十五歲以上有每年一次的健
康檢查，都會檢測血糖值，而高危險群（高血壓、家族糖尿病
史、妊娠糖尿病、過重或肥胖、代謝症候群等）才需要加強血
糖的檢測。」

　　有關「血糖波動」（blood sugar fluctuation），黃醫師引用的
論文是 2008 年發表的〈糖尿病的途徑：從健康狀態到代謝症候
群再到第二型糖尿病，血糖譜的複雜性喪失〉[3]。這篇論文顯示，
「血糖波動」在正常人是很輕微，在代謝症候群患者是中等，
在「第二型糖尿病患者」是嚴重。這也就是為什麼黃醫師會說
「正常人其實不需要經常性地測量血糖」。

　　事實上，縱然是沒有糖尿病的人，血糖一樣會起起伏伏。
下圖就是兩個健康的人一天中體液葡萄糖濃度的變化（相當於
血糖濃度的變化）。這個圖片來自 2007 年發表的論文〈健康受
試者在日常生活條件下和不同餐後的連續葡萄糖曲線〉[4]。另一
篇 2019 年發表的論文〈健康非糖尿病參與者的連續葡萄糖監測
曲線：多中心前瞻性研究〉[5] 再度顯示「健康的人的血糖波動是
完全正常的」。

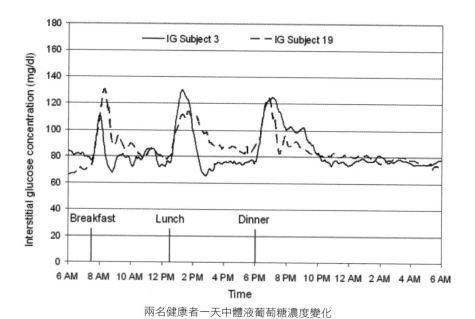

兩名健康者一天中體液葡萄糖濃度變化

　　這兩篇論文其實就是讀者 Bear 第三則留言裡所說的「找不到相關資訊」的相關資訊，而它們都顯示所謂的「血糖震盪」根本就只是「血糖波動」的危言聳聽版本。

　　2019 年那篇論文標題裡的「連續葡萄糖監測」（Continuous Glucose Monitoring，CGM），也就是我要討論的另一個爭議性議題。有關這個議題，讀者 Elliot 在我的網站多次留言，提供了很多值得參考的資訊。請看《紐約時報》在 2023 年 7 月 12 日發表的〈誰應該追蹤他們的血糖？〉[6]：

CGM 最初是二十多年前為依賴胰島素注射的糖尿病患者開發的。現在，至少有五家公司向非糖尿病患者營銷 CGM，聲稱瞭解您的血糖水平可以幫助您減肥和改善健康。最大的兩家 CGM 製造商亞培（Abbott）和德康醫療（Dexcom）也開始瞄準非糖尿病用戶。在亞培 2022 年的年度報告中，該公司表示計劃擴大 CGM 的應用範圍，「用於糖尿病以外的領域」；在 2022 年，該公司 CGM 的銷售額總計四十三億美元，比 2021 年增長了 20% 以上。僅生產 CGM 的德康同樣將其使命從專注於糖尿病轉向更廣泛的健康領域。2022 年該公司的收入增長了近 20%。

內分泌學家表示，CGM 對於糖尿病患者來說是必不可少的，但是對於不屬於這些群體的人來說，很少有證據表明瞭解血糖水平對某些食物的反應對健康有利，部分原因是血糖峰值通常不會那麼大。史丹佛大學內分泌學家金宣（Sun Kim）醫生說：「我認為大多數人一聽到它，就會覺得這聽起來超酷。但年輕健康的人通常會厭倦佩戴它們，因為沒有什麼真正改變。」

所以，如果您不是糖尿病患者，就不要為了追求時髦而佩戴 CGM 了。畢竟，它除了白白送錢給製造商外，唯一會帶給您的「好處」是「過度診斷焦慮」。

血糖女神的偽科學，醫師、營養師加碼

雖然我在上一段文章指出，所謂的「血糖震盪」是一位所謂的「自然醫學營養治療師」創造出來用於進行恐怖行銷的專有名詞。我也提供科學證據，指出血糖的高低起伏是正常生理現象。但很不幸的是，有幾位台灣的醫師和營養師還在助紂為虐。

讀者 Elliot 在 2024 年 2 月 9 日回應：「飯前飯後的 glucose excursions，相較於社群媒體與廠商的大肆宣傳、民眾普遍對血糖波動的想像，研究觀察結果是反過來的（演變為糖尿病與前期之風險）。另 BMI、腰圍、胰島素阻抗性等都沒有統計上的顯著意義。坊間各種配合 CGMs 之預防 glucose spikes 的保健食品卻紛紛上架，Eg. Anti-Spike Formula、Sugar Steady、苦瓜胜肽……琳瑯滿目。註：此研究資金來源為 CIHR（加拿大國家衛生研究院）[7]。」

讀者 Elliot 回應裡的「glucose spikes」以及「Anti-Spike Formula」特別引起我的興趣，因為 2024 年 2 月 7 日我才剛看到一篇發表在「美國科學與健康協會」（American Council on Science and Health，ACSH）的文章〈血糖女神進軍補充劑產業〉[8]。這篇文章的引言是：「血糖女神是 Instagram 上著名的健康影

響者。她的本名是傑西・伊昌烏斯（Jessie Inchauspe），擁有生物化學碩士學位，因宣傳血糖和健康而在社交媒體上出名。她是典型的社群媒體影響者，銷售書籍、課程和食譜，基本上除了補充劑之外的所有東西……直到目前！」

在這篇文章正文裡，第一句是：「伊昌烏斯最近推出了她的最新產品，即一種補充劑：Anti-Spike Formula。」而這篇文章的結論則是：「**由於補充劑不受監管，因此它們因與其他藥物摻假而臭名昭著。……這只是有影響力的人以補充劑形式兜售的另一種賺錢策略。她利用自己的資歷讓你認為你需要她所宣傳的東西，但你得到的就只是另一種不受監管、未經測試的補充劑。**」

所以，我就用這篇文章的連結回覆 Elliot，而他隔天就再寄來兩個回應。第一個回應是兩篇文章，第一篇是營養學博士尼可拉・蓋斯（Nicola Guess）在 2024 年 2 月 1 日發表的文章〈血糖女神有補充品了，值得購買嗎？〉[9]。此文的第一段是：「與 Instagram 上 89% 的營養帳戶一樣，『血糖女神』也在銷售一款補充劑。顯然，它與許多關於『成分已在臨床試驗中經過徹底測試』的誇張聲明一起出售，但補充劑本身尚未經過適當的試驗。這本身就是一個問題。無論如何，補充劑（不受監管）也存在許多問題，但特別是像這樣的補充劑，其銷售目的是『限

制血糖高峰』。請繼續閱讀，瞭解為什麼我不會推薦任何人（無論是否患有糖尿病）購買這種補充劑。」

第二篇是營養師阿比・蘭格（Abby Langer）在 2024 年 2 月 3 日發表的文章〈血糖女神抗尖峰評論〉[10]，此文結論是：「如果您沒有糖尿病（即使有，但控制得很好，我們這裡討論的是二型糖尿病），您不必擔心短暫的血糖高峰。」

Elliot 的第二個回應是：「自稱『血糖女神』的伊昌烏斯在台灣有一群網紅粉絲，著作有《90% 的病，控糖就會好》，書籍推薦人有李思賢醫師、李婉萍營養師、Nina Teicholz、David Sinclair、Benjamin Bikman……您懂的。伊昌烏斯算是 Tim Spector 親自捧出來的得意門生，ZOE 節目的基本卡司，她的 Anti-Spike Formula 也隨著 ZOE Gut Shot 在全英國最大零售通路 Marks & Spencer 鋪貨上架（是的，反對維他命的 Spector 把優酪乳當成保健食品飲品溢價販售）。以 CGMs 為中心衍生出的各式 glucose spikes 的市場預計會日漸擴大，台灣市場也陸續見到 glucose spikes 為『題材』的保健食品、醫材與消費性醫療服務，此風潮難以歇息。」

這個回應裡提到的李婉萍營養師和李思賢醫師，在我的網站上曾多次提過他們，有興趣的讀者可以自行搜索。最後，我搜尋到婦產科醫師珍・甘特（Jen Gunter）在 Instagram 的貼文

[11]，她在圖片裡直接就說 Anti-Spike 是騙局（scam）。是的，Anti-Spike是不折不扣的騙局，而台灣的李醫師和李營養師則是幫手。

 林教授的科學健康指南

1. CGM 最初是為依賴胰島素注射的糖尿病患者開發的。現在，至少有五家公司向非糖尿病患者營銷 CGM，聲稱瞭解血糖水平可以幫助減肥和改善健康。但是對於非糖尿病患者來說，無須為了追求時髦而佩戴 CGM，畢竟除了白白送錢給製造商外，它唯一會帶來的是「過度診斷焦慮」

2. 網紅「血糖女神」伊昌烏斯推出補充劑 Anti-Spike Formula，而由於補充劑不受監管，所以消費者只會獲得效果不明、未經測試的補充劑

2-7

為何腎上腺疲勞與抗老化醫學是偽科學？

自然療法、腎上腺疲勞症候群、美國抗衰老醫學科學院 A4M

　　讀者 Johnny Wu 在 2023 年 4 月 20 日詢問：「教授好，想請問一下，最近有看一本書，是日本的兩位醫師本間良子和本間龍介的著作《孩子怎樣也講不聽？原因竟然是腎上腺素疲勞》，想請問教授這個有科學根據嗎？作者的背景有個美國抗老化醫學會的研究醫師，在美國真的有這個單位嗎？坊間有很多書都在講抗老化，如何去判斷這些書有沒有科學根據？謝謝教授。」

腎上腺疲勞症候群：一個醫學神話

　　「腎上腺素疲勞」應該是「腎上腺疲勞」（adrenal fatigue）才對，而完整的說法是「腎上腺疲勞症候群」（adrenal fatigue syndrome）。我用「腎上腺疲勞」做搜索，搜到以下兩篇文章。

　　第一篇是《早安健康》在 2023 年 2 月 12 日發表的〈四十

歲體力卻像八十歲的腎上腺疲勞，七超級食物助修復〉[1]，此文的第二段是：「日本抗老化學會專門醫本間良子指出，腎上腺分泌的皮質醇，能幫助人應付壓力，並消除會造成傷害的自由基。但是，長期承受壓力、作息不正常、不健康的飲食習慣和過多的食品添加物，都會加重腎上腺的負擔，導致腎上腺疲勞，並出現失眠、暴躁、荷爾蒙失調等症狀。累積過多無法消除的自由基，也會提高癌症、心血管疾病、糖尿病、風濕性關節炎等疾病風險。」

第二篇是《Heho 健康》在 2022 年 1 月 19 日發表的〈心情低落、常覺得累？造成腎上腺疲勞症候群的三部曲〉[2]，此文的第二段是：「腎上腺疲勞症後群是二十一世紀的文明病之一，最早是由美國自然療法權威威爾森（James L. Wilson）博士提出，腎上腺的功能是幫助身體對抗壓力、調節免疫系統和維持體內礦物質濃度的內分泌腺體，所以當一個人處於極大的身心壓力下，會導致腎上腺的運作機制失調，產生疲倦、嗜睡、焦慮、失眠等症狀的腎上腺疲勞症後群。」

又是自然療法！問題就出在這裡，忠實讀者一定知道我過去已經發表過很多抨擊自然療法的文章。而有關「腎上腺疲勞症候群」，我們來看下面這兩篇論文。

一、2016 年論文〈腎上腺疲勞不存在：系統評價〉[3]。這項

研究針對五十八項「腎上腺疲勞症候群」的研究做了系統性的回顧，得到的結論是：本系統評價證明，沒有證據表明「腎上腺疲勞」是一種實際的醫學狀況。因此，腎上腺疲勞仍然是一個神話（myth）。

二、2018 年論文〈我們厭倦了「腎上腺疲勞」〉[4]。文摘是：非專業媒體上有許多文章討論腎上腺疲勞的存在和診斷不足（under-diagnosis）。腎上腺疲勞的支持者指出，由於反覆的壓力源，數百萬人的腎上腺活力不足（under-active），導致許多非特異性症狀，如疲勞、失眠、關節痛和體重增加等。在迄今為止的研究中，提出的評估腎上腺疲勞的方法產生了相互矛盾的結果，並且評估下視丘－腦垂體－腎上腺（HPA）軸的方法常常不合適。此外，只有少數研究實際檢查了 HPA 軸。目前的證據不支持腎上腺疲勞的存在或補充劑對支持腎上腺功能的作用。

美國內分泌協會（Endocrine Society）在 2022 年 1 月 25 日發表文章〈腎上腺疲勞〉[5]，其中提到：「『腎上腺疲勞』一詞已被用來解釋一組據說發生在長期精神、情緒或身體壓力下的人身上的症狀。沒有科學證據支持腎上腺疲勞是一種真正的疾病。醫生擔心，如果您被告知患有這種疾病，可能無法找到並正確治療您症狀的真正原因。此外，所報告的腎上腺疲勞治療並未獲得美國 FDA 的批准，並且可能很昂貴，因為保險公司不

太可能承擔這些費用。」

《哈佛健康雜誌》（Harvard Health Publishing）在 2020 年 1 月 29 日發表文章〈腎上腺疲勞是「真的」嗎？〉[6]，其中一段指出：「許多網站都提到如何診斷和治療腎上腺疲勞。然而，內分泌學會和所有其他醫學專業不承認這種情況。沒有科學證據支持腎上腺疲勞是一種真正的醫學狀況。常規醫療和輔助醫療之間的這種脫節增加了挫敗感。」

雪松西奈醫療中心（Cedars-Sinai Medical Center）在 2018 年 1 月 16 日發表文章〈揭穿腎上腺疲勞〉[7]，其副標題是「腎上腺疲勞是指我們的腎上腺因壓力而過度勞累並停止產生我們需要的激素，包括皮質醇。這是一個醫學神話（myth）」。

抗老化醫學：為了騙錢而創立的偽科學

接下來，回答讀者 Johnny Wu 的另一個問題：「作者的背景有個美國抗老化醫學會的研究醫師，在美國真的有這個單位嗎？」這個單位的名稱是「美國抗衰老醫學科學院」（American Academy of Anti-Aging Medicine，簡稱 A4M），由兩位整骨師（osteopath）羅伯特・戈德曼（Robert Goldman）和羅納德・科萊茲（Ronald Klatz）創建於 1993 年，主要的業務是認證所

謂的「老化醫學專科醫生」（獲得認證的醫生每年要繳三百二十四美元的會員費）。但是，美國醫學會（American Medical Association）和美國醫學專業委員會（American Board of Medical Specialties）這兩個正規的醫學會都不承認 A4M 這個組織以及它認證的醫生。由此可見，「日本的兩位醫師，本間良子和本間龍介的背景有個美國抗老化醫學會的研究醫師」是畫虎爛。

醫學期刊《老年醫學家》（Gerontologist）在 2003 年發表文章〈「抗老化醫學」之戰〉[8]，文摘的第一句是：「老年醫學界的主要成員最近對抗老化醫學發起一場戰爭，試圖鏟除（discredit）他們認為是欺詐和有害的產品和療法，並將他們的研究與他們認為的抗老化運動偽科學區分開來。」這句話裡的「欺詐和有害的產品和療法」以及「抗老化運動偽科學」，指的就是「美國抗衰老醫學科學院」。

《洛杉磯時報》在 2000 年 5 月 8 日發表文章〈抗老化醫生令人不安的紀錄〉[9]，第一段提到：「研究老化的主流醫生一直對美國抗衰老醫學科學院持懷疑態度，原因之一是他們認為該組織的醫師認證標準不夠嚴格。本報對五十名身為學院成員的加州醫生的評論在一定程度上證實了這種批評。根據委員會紀錄，截至 4 月下旬，在 A4M 印刷和互聯網目錄中列出的五十名醫生中，有十二人受到至少一次州醫療委員會的紀律處分。」

　　《紐約時報》在 2007 年 4 月 15 日發表文章〈老化：疾病還是商機？〉[10]，其中一段指出：「自從十五年前芝加哥的兩位整骨師戈德曼和科萊茲創立該學院以來，該學院已將其教學發展成為一個利潤豐厚的企業，聲稱擁有兩萬名會員，運營著一個網站，授予『抗衰老再生醫學』認證的全球公約和醫學教育計劃。在此過程中，該學院也一直成為批評的焦點，被嘲笑是庸醫或炒作，並將該學院貼上醫學和法律似是而非的標籤。」

　　《CNN》在 2011 年 12 月 18 日發表（2016 年 12 月 14 日更新）文章〈抗老化醫學的風險〉[11]，其中一段提到：「事實上，抗老化不是美國醫學專業委員會認可的專業，這意味著醫生不能正式獲得委員會認證。然而它有自己的專業協會，即美國抗衰老醫學科學院（A4M）。」這篇文章也列舉以下三個抗老化醫學的風險：

一、危險的激素療法：抗老化醫生武器庫中最大的武器是隨意開出荷爾蒙處方。其概念是，如果你讓一位六十歲的女性複製她二十歲時的荷爾蒙環境，她會覺得自己像二十歲。這本質上是喝幼兒血的想法。

二、時尚診斷：新的抗老化流行語之一是腎上腺疲勞。該症候

群背後的理論是，慢性壓力會導致腎上腺激素的產生減少，從而導致疲勞和睡眠問題。但是，雖然有一種叫做腎上腺功能不全的合法疾病，腎上腺疲勞卻是一個虛假的診斷。更重要的是，氫化可體松（hydrocortisone）會導致骨質疏鬆症、糖尿病和器官功能障礙。

三、推銷保健品：許多抗老化醫生以非常高的價格出售他們自己的營養保健品系列。這是一個比可卡因毒販獲得的更高的利潤。但是，絕大多數研究表明抗老化補充劑不起作用。此外，它們在出售前不需要獲得 FDA 批准，因此無法保證它們是安全或有效的。

《中國日報網》的英文網站在 2012 年 2 月 2 日發表文章〈美國團體被控癌症欺詐〉[12]，它的前兩段是：「中國致力於傳播科學知識的組織『科學松鼠會』成員李清晨醫生週四表示，美國抗衰老醫學科學院（A4M）一直在使用未經批准的癌症療法來欺騙中國患者。李醫生補充說，美國癌症協會沒有發現任何證據表明 A4M 使用的癌症治療對癌症患者有益。」

從以上這些論文和新聞報導可以看出，所謂的抗老化醫學只不過是一個為了騙錢而創立的偽科學。

林教授的科學健康指南

1. 沒有科學證據支持腎上腺疲勞是一種真正的疾病。腎上腺疲勞治療並未獲得美國 FDA 的批准，並且可能很昂貴

2. 美國抗衰老醫學科學院（A4M）創建於 1993 年，主要的業務是認證所謂的「老化醫學專科醫生」。但是，美國醫學會和美國醫學專業委員會這兩個正規的醫學會都不承認 A4M 這個組織以及它認證的醫生

3. CNN 的文章揭示了三個 A4M 抗老化醫學的風險：一、危險的激素療法。二、時尚診斷（如新名詞「腎上腺疲勞」）。三、推銷保健品

2-8

極端飲食療法：
《肉食密碼》與《茹素運動員》

#全肉飲食、純素食、陰謀論、救命飲食、未來肉

肉食密碼，「救命飲食」的另一極端

臉書朋友 Peng Peng 在 2022 年 9 月 23 日用簡訊聯絡：「林教授您好，拜讀您的著作瞭解到很多正確的資訊。最近看到一本書，完全顛覆了我原來以為正確的健康均衡的飲食方式。作者提倡全肉食的飲食方式，在書中提到非常多原本我認為健康的食物和很多議題。非常希望教授百忙中抽空瞭解，感激不盡。」

讀者提到的書是 2022 年發行的《肉食密碼》（The Carnivore Code），作者是保羅·薩拉迪諾（Paul Saladino）。他雖然有醫師文憑，但卻不在醫院或診所工作，也從未發表過任何醫學論文。他的全職工作是行銷全肉食飲食（carnivore diet）和營養品。

這本書的內容簡介說：「薩拉迪諾醫師結合了科學、歷史以及自己身體力行，破解了植物性飲食益處的迷思，並揭示了

全肉飲食的治癒潛力，提出這才是最符合我們的身體的飲食方式。」簡介裡有提到「科學」，所以我就到公共醫學圖書館 PubMed 用 carnivore diet 做搜索，結果共搜到三篇論文。

一、2020 年論文〈全肉食飲食可以提供所有必需的營養嗎？〉[1]。這篇論文是作者在闡述個人意見，但卻沒有提供任何全肉食飲食的實驗結果。作者自己也說：「全肉食飲食是一種新近流行但尚未有研究的生酮飲食形式。」（生酮飲食不是全肉食飲食，而是高脂飲食，請複習《餐桌上的偽科學 2》165 頁。）

二、2021 年論文〈2,029 名「全肉食飲食」的成年人的行為特徵和自我報告的健康狀況〉[2]。這篇論文是用網路問卷調查做研究，而對象是自稱奉行全肉食飲食的人。其結論是：與普遍預期相反，全肉食飲食的成年人幾乎沒有受到不良影響，而是報告了健康益處和高滿意度。心血管疾病危險因素受到不同程度的影響。這些發現的普遍性和這種飲食模式的長期影響需要進一步研究。

三、2022 年論文〈全肉食飲食成年人自我報告的健康狀況和代謝標誌物的局限性〉[3]。這篇論文是在批評上一篇論文不靠譜，例如：「最令人擔憂的是，包含與代謝標誌物（如血脂）相關的自我報告數據。如前所述，這些數據未經驗證，並且還存在報告偏差。此外，我們認為此類數據由於其未經驗證的性質而通過嚴格的同儕審查是極不尋常的，特別是當前和飲食前

值的使用不一致。考慮到將追隨者納入非常特定的飲食模式所固有的選擇偏差，缺乏經過驗證的生物標誌物數據也應謹慎處理，其科學有效性值得懷疑。」

著名的克里夫蘭診所（Cleveland Clinic）在 2021 年 6 月 30 日發表文章〈全肉食飲食：你能吃太多肉嗎？〉[4] 指出：「全肉食飲食中纖維含量極低，這會導致大量便秘，而且風險變得比沒有排便要嚴重得多。如果你已經患有慢性病，如高血壓、高膽固醇、任何中風病史或其他心血管疾病，你絕對不應該嘗試這種飲食。這種飲食也會讓所有蛋白質和脂肪變得更糟，消化需要更長的時間。全肉食飲食含大量飽和脂肪，會導致低密度脂蛋白或壞膽固醇升高，並使您面臨患心臟病的風險。」

《ABC Everyday》在 2022 年 8 月 12 日發表文章〈為什麼全肉食飲食現在很流行〉[5]。這篇文章的作者安琪・拉佛皮耶（Ange Lavoipierre）詢問美國文化戰略家麥特・克萊恩（Matt Klein）：「是什麼推動了歷史上這個時刻對肉類的熱情？」克萊恩回答：「我們正處於一個極端的時刻。文化以緊張的形式存在……當我們看到素食主義興起時，就會看到逆向的拉動，那就是全肉飲食。我們生活在一個元宇宙或多元宇宙中，對吧？你可以選擇你自己的冒險。總的來說，機構信任正在下降，陰謀論正在上升。在文化不穩定的時刻，我們正在尋求解決方案、道德，

以及志同道合的人來圍繞在我們身邊。」

沒錯，物極必反。全肉飲食是一個極端，而全素飲食則是另一個極端。中庸的均衡飲食是老生常談，沒人愛聽，所以一定要胡扯極端的飲食才會有人願意花錢來聽，來看，來頂禮膜拜。台灣不是也有一本叫做《救命飲食》的書嗎？它不是說肉食是百病之源，而素食則是可以治百病嗎？

我發表很多批評極端素食主義的文章，揭露了極端素食主義者的種種行銷技倆，而這些行銷技倆現在又被極端肉食主義者如法炮製。如同我在之前的文章（收錄在《餐桌上的偽科學》250 頁）所說：「總之，**極端飲食主義者，不管是叫人家要多吃脂肪，還是叫人家要斷絕動物性食物，往往是會操弄或扭曲數據來支撐他們不可能被證實的主張**。所以，像《救命飲食》這樣的書，看看就好，不要太信以為真。」套用在《肉食密碼》這本書也是完全恰當──看看就好，不要太信以為真。

《茹素運動員》，又一極端飲食謬論

臉書朋友 Wu Jason 在 2022 年 10 月 30 日用簡訊詢問：「不知教授如何評論這本書，謝謝。」他附上一個連結，書名是《茹素運動員》（The Plant-Based Athlete），2022 年 11 月在台灣出版。

　　這本書聲稱許多頂尖的運動員都是遵循純素食，而這些運動員也都公開表示他們的不凡成就是要歸功於純素食。但，事實真是如此嗎？頂尖運動員裡面，純素食的占多少比例？有百分之一嗎？更何況，這本書裡面所列舉的幾位運動員根本就不是純素食，或已經放棄純素食，或因為採行純素食而斷送職業生涯。

　　聲稱一：職業網球巨星大威廉絲（Venus Williams）採取植物性飲食後，贏得了溫布頓冠軍和奧運金牌。

　　查核：《女性健康》（Women's Health）在 2020 年 5 月 27 日發表文章〈大威廉絲遵循 chegan 飲食，老實說我們有問題〉[6]。chegan 是「欺騙」（cheat）和「純素」（vegan）的組合字，意思是「偷偷吃肉的純素食」。大威廉絲拿了七個單打大滿貫，而她的妹妹小威廉絲（Serena Williams）拿了二十三個。這位妹妹不是純素食。

　　聲稱二：NBA 明星球員厄文（Kyrie Irving）、保羅（Chris Paul）、里拉德（Damian Lillard）、小喬丹（DeAndre Jordan）等人，都為了改善表現而採用植物性飲食。

　　查核：《富比世雜誌》（Forbes）在 2019 年 2 月 20 日刊登文章〈小喬丹、厄文、保羅投資植物性食品公司「未來肉」〉[7]。所以，這三位明星球員會對外宣稱他們是純素食，應該是可

以理解的吧。至少，可以確定的是，其他四百多位現役以及四千多位退役的 NBA 球員都沒有對外宣稱他們是純素食。《SB NATION》在 2018 年 1 月 19 日發表文章〈里拉德結束純素食，因為他的體重有點掉太多〉[8]：「里拉德是第一批在休賽期公開透露選擇素食的球員之一。但在最近的一次播客中，這位拓荒者後衛表示他在採行純素食五個月後宣告停止，因為他的體重比他預期的要輕太多。」

聲稱三：前 NFL 最有價值球員紐頓（Cam Newton）為了增強表現而採用植物性飲食。

查核：《波士頓環球報》（The Boston Globe）在 2020 年 9 月 12 日發表文章〈純素食是愛國者四分衛紐頓的最佳飲食嗎？〉[9]。此文先說：「紐頓在 2019 年 3 月宣布改採純素食。可是，由於過去兩年多次受傷，他現在正處於職業生涯的十字路口。他剛簽了一份一年的底薪合約。」接下來引用運動營養師蘿拉·莫瑞提（Laura Moretti）的說法：「當我們尋找受傷恢復的黃金標準時，我們總是回到那些必需胺基酸。我們在動物性食品中得到了所有九種。對於像紐頓這樣的運動員來說，要滿足他的需求，我認為純素食很難做到。」事實上，由於沒有球隊跟他簽約，紐頓已經難以重返聯盟。反觀另一位更有名的四分衛布

雷迪（Tom Brady）直到四十五歲才退役，他是史上拿下最多超級盃冠軍的四分衛，但他卻不是純素食。

聲稱四：史上最偉大的奧運選手之一、田競名將劉易士（Carl Lewis）將自己有史以來最優異的表現，歸功於純素生活和植物性飲食。

查核：戴夫・阿斯普里（Dave Asprey）在個人網站發表文章〈運動抗營養：純素飲食對劉易士的影響〉[10]，他說：「在成為素食主義者之前，劉易士一直主宰短跑和跳遠。在 1991 年達到頂峰後，在採行純素食僅一年後，劉易士開始失去他在短跑和跳遠的主宰地位。1992 年，他未能獲得一百公尺或兩百公尺奧運代表隊的參賽資格。……然後在 1993 年，他參加了在德國斯圖加特舉行的第四屆世界田徑錦標賽，但在一百公尺短跑中僅獲得第四名，甚至沒資格參加跳遠比賽。」

聲稱五：七屆溫布頓冠軍喬科維奇（Novak Djokovic）於 2019 年溫網以黑馬之姿勝過費德勒（Roger Federer），他表明植物性飲食對自己的精力和整體表現都有幫助。

查核：《福斯體育》（Fox Sports）在 2013 年 8 月 27 日發表文章〈為奪冠者加油的食物：喬科維奇將網球的成功歸功於嚴

格的飲食〉[11]，其中有這麼一句話：「喬科維奇的飲食以蔬菜、豆類、白肉、魚、水果、堅果、種子、鷹嘴豆、扁豆和健康油為基礎。」《SPORF》在 2022 年 1 月 11 日發表文章〈喬科維奇是純素食者嗎？〉[12]，它先引用喬科維奇的說法：「……因為也有道德原因。意識到動物世界正在發生的事情，您知道，屠宰動物和農業等等。」然後作者評論：「然而，喬科維奇與素食主義的關係比乍看起來要複雜得多。在 2013 年，據透露他花了數百萬美元購買驢奶，用來製作世界上最昂貴的奶酪。喬科維奇在塞爾維亞經營的餐廳也在菜單上提供肉類和動物產品。」我到他的餐廳網站（Novak Café & Restaurant）查看，果真看到菜單裡有牛排。（更多有關喬科維奇推廣偽科學的文章，收錄在《健康謠言與它們的產地》21 頁。）

 林教授的科學健康指南

1. 全素飲食是一個極端，而全肉飲食則是另一個極端。這些行銷技倆不斷如法炮製，因為言論越走偏鋒越有商機，而中庸的均衡飲食是老生常談，沒人愛聽

2. 許多聲稱遵循純素食的運動員根本就不是純素食，或已經放棄純素食，或因為採行純素食而斷送職業生涯

哈姆立克法的爭議與救命神器 AED

\#噎食、好心人法、自動體外去顫器、心肺復甦術、OHCA

要命的葡萄，兒童噎食風險

在 2016 年 12 月 20 日出版的醫學期刊《兒童疾病檔案》（Archives of Disease in Childhood）裡有一篇報告〈葡萄的窒息危險：一個認知的懇求〉[1]，兩位蘇格蘭的醫生描述因為吃葡萄而引起兒童窒息的三個案例，其中兩個是致命的。

第一個案例是一名五歲的男孩，他在校後俱樂部吃葡萄時噎到。一開始，急救人員無法取出葡萄，而男孩的心臟因此而驟停。雖然最後醫護人員用專門的器具將葡萄取出，但男孩還是死了。第二個案例是一名十七個月大的男孩，他在家吃葡萄時噎到。他的家人一時無法取出葡萄，因而叫了急救。護理人員最後雖然將葡萄取出，但小孩子已經回天乏術。第三個案例是一名兩歲的男孩，他在公園裡吃葡萄時噎到。醫務人員在幾分鐘內趕到，並且很快就取出葡萄。然而，該兒童在到達醫院

前，還是發生了兩次痙攣。等到了醫院之後，他也還需要緊急治療，以緩解大腦水腫和排出肺裡的積水。在此之後，他又在重症監護病房度過了五天，才得以完全康復。

這兩位醫生指出，葡萄的表面光滑柔軟，使其很容易滑入小孩子的氣管，進而將氣管完全封死。更糟糕的是，由於葡萄的滑溜並且緊貼氣管，在沒有特殊設備的情況下，它是無法被取出的。跟葡萄一樣危險的是俗稱櫻桃番茄的小番茄，其形狀大小及質地都類似葡萄，也一樣會造成小孩子的噎食窒息。

這兩位醫生建議，在給五歲以下的兒童吃葡萄或小番茄之前，應當切成兩半，甚至四塊，才可完全避免悲劇的發生。他們說：「人們普遍意識到，當幼兒在進食時，應當給予監督。但是，大多數人對於葡萄和其他類似食物所構成的危險，卻缺乏認知。」他們也說：「雖然玩具包裝都會印上潛在窒息危險的警告，但是對於像葡萄和小番茄這類食品，卻沒有同樣的警告。」所以，他們發表這篇文章的目的，就是要喚起人們對這種危險的認知。

魚刺卡喉，此方法可救百萬人？
哈姆立克法的效用與風險

我在 2017 年 1 月 21 日收到一封主旨為「魚刺」的電郵，

裡面的文章標題是「魚刺卡到喉嚨！救了一百萬人的方法」，內文則是用哈姆立克法來急救被魚刺卡住喉嚨的人。我以此做搜尋，看到非常多類似的文章。只不過，這些文章值得相信嗎？

哈姆立克法是用來應付呼吸道被堵住的情況，而不是像魚刺這種並不影響呼吸的情況。還有，哈姆立克法如果應用不當，是會擠破肝臟、脾臟，甚至是會致命的。再說，哈姆立克法真的救了百萬人嗎？

讀完整篇文章，完全看不到這個數字是怎麼來的。所以，我只好自己搜索，看看哈姆立克法到底救了多少人。結果看到的資料都是說，哈姆立克法可能救了五到十萬人。例如，《紐約時報》在 2016 年 12 月 17 日刊登的文章[2]就說大約十萬。由此可見，「救了百萬人」是誇大其詞。

哈姆立克醫生（Dr. Henry Heimlich，1920—2016）有許多醫療發明，最為人熟知的就是哈姆立克法。那是一個急救法，當有人噎食時，急救的人站在患者身後，雙手環抱患者，以拳頭擠壓橫膈膜下方與胸骨劍突之間，使患者排出卡在喉頭或氣管的東西。哈姆立克醫生於 1974 年在《急診醫學》（Emergency Medicine）雜誌發表此急救法，並且將文章的複印本寄到全美各大報社。此舉成效斐然，引起爭相報導，使他受到好萊塢明星般的追捧，而他也在往後四十幾年的餘生中，不遺餘力地推銷自己的豐功偉績。

　　只不過，他在醫學界其實是毀譽參半。儘管他自稱是全世界救過最多人的醫生，醫學文獻裡卻有大量的臨床報告，討論哈姆立克法的危險性。事實上，在 2006 年美國心臟協會和美國紅十字會所發表的急救法中，都把「腹戳法」（abdominal thrusts）定位為第二線的急救法。而其主要原因就是，此法造成了太多的傷害，甚至死亡。但是，最令人難以置信的是，全世界反對哈姆立克法的第一號人物，竟然是哈姆立克自己的兒子彼得（Peter Heimlich）。彼得和他的太太設立了網站「medfraud. info」，致力於檢舉醫療欺詐的人和事。而網站裡最主要被檢舉的人，就是哈姆立克醫生。

　　網站裡列舉了許多醫學報告及新聞報導，來指證哈姆立克法是毫無科學根據的。網站裡也提到，哈姆立克醫生曾在中國用囚犯從事超過十年慘無人道的「瘧疾治愛滋」人體實驗。彼得還親口說：「我們的研究發現我的父親是一隻穿著綿羊外衣的狼，一個了不起的騙子，一連串的說謊者，也可以說是二十世紀後期最成功的醫學偽君子之一。由於擁有相當大的魅力和公關本能，我父親巧妙地利用媒體，來塑造自己成為一個醫療天才／發明家和人道主義者，最終還被冠以美國最著名的醫生。」一個人被自己的兒子在全世界都看得到的互聯網上，如此露骨無情地撻伐，死能瞑目嗎？且不管如何，我想請讀者思考，如

果遇上有人噎食，你是否敢冒著被告的危險來使用哈姆立克法。

　　儘管有些國家，例如美國，是有「善良的撒瑪利亞人法」（Good Samaritan laws）來保護好心人[3]，但是該法規的種種限制和漏洞，還是有可能會使好心人難當。至於上一段文章所提到被葡萄噎到的小孩，是否能使用哈姆立克法來急救，我個人的意見是否定的，但並沒有確切的答案。

救命神器 AED，人人都應該知道怎麼使用！

　　談完了知名的哈姆立克急救法的疑問和一些爭議，接下來我想提一個人人都該知道的有效急救法。

　　《美國醫學會期刊》在 2024 年 1 月 2 日發表了兩篇有關 AED 的論文，指出 AED 的使用偏低，需要付出更多努力來克服公眾使用的障礙。AED 的全名是「自動體外去顫器」（Automated External Defibrillator），這是一種救命神器，我強烈建議人人都應該學會怎麼使用。美國心臟協會有製作一個教學影片，中文版的標題是〈徒手心肺復甦術加自動體外除顫器〉[4]，影片長度只有三分鐘，非常容易學。

　　台灣衛福部也敦促全民學習：「『寧可一輩子不用，用了一輩子受用無窮。』蔡次長更藉此呼籲國人應學習心肺復甦術

（CPR），及瞭解如何使用公共場所設置之 AED，在危急緊要關頭能伸出援手，挽救寶貴的生命，持續為你我生活環境之安心、安全，盡一己之力。」[5]

讀者回應

這篇文章發表之後四天，讀者杰克留言：「這次 2024 年的台北馬拉松，比賽時發生三名跑者 OHCA（註：Out-of-Hospital Cardiac Arrest，院外心臟驟停），全都被 AED 救回。救了三條命也救了三個家庭。全世界公共場所放置最多 AED 的就是日本，希望台灣也能看齊。」

 林教授的科學健康指南

1. 在給五歲以下的兒童吃葡萄或小番茄之前，應當切成兩半，甚至四塊，避免噎食窒息的悲劇發生
2. 哈姆立克法是用來應付呼吸道被堵住的情況，但如果應用不當，是會擠破肝臟、脾臟，甚至是會致命
3. 人人都應學習心肺復甦術（CPR）及瞭解如何使用公共場所設置之 AED，在危急緊要關頭就能挽救寶貴的生命

Part 3
常見食材的迷思與反迷思

資訊泛濫的時代，為了提升收視率、點擊率與討論
度，傳統媒體與社群平台不斷產製各種片面而聳
動、甚至錯誤的內容。許多「名人」和「專家」以
極端的言論來推銷自己的產品或課程，其中不乏作
家、藥師、營養師、醫生或教授。我會持續寫文查
證，希望讀者能夠一起培養判斷謠言的能力。

被渲染的致癌物，蘇丹紅與三鹵甲烷

IARC 致癌物分級、自來水、氯、洗澡、游泳池

蘇丹紅風波，致癌物傻傻搞不清楚

讀者 Kathy 在 2024 年 3 月 5 日詢問：「教授您好，最近台灣被蘇丹紅事件搞得人心惶惶。真心不懂，一級致癌物菸、酒、加工肉類可以吃，三級致癌物蘇丹紅搞得人仰馬翻。差別只在於是否事先知情不是嗎？還是說即使是不同等級的致癌物，致癌的風險卻是與級數不同？」

所謂「一級致癌物菸酒加工肉類，三級致癌物蘇丹紅」是根據國際癌症研究機構（IARC）的分類。隸屬於世界衛生組織的 IARC 主要負責評估癌症病因的證據，它將致癌物分成四個等級[1]：

1 級：**確定對人類有致癌性**。共 127 項，包括菸草、含酒精飲料、加工肉類（香腸、火腿、培根、熱狗）以及中國式鹹魚。

2A 級：**對人類有高可能致癌性**。共 95 項，包括牛肉、羊

肉、豬肉。

　　2B 級：對人類有低可能致癌性。共 323 項，包括手機、傳統亞洲醃漬蔬菜、銀杏萃取物，蘆薈全葉萃取物、阿斯巴甜。

　　3 級：無法分類致癌性。共 500 項，包括蘇丹紅。

　　從這個分類列表可以看出，備受民眾喜愛的含酒精飲料（啤酒、紅酒）以及加工肉類（香腸、培根）都是確定的致癌物，而被媒體說成是致癌物的蘇丹紅卻從未被確定是致癌物。

　　《聯合新聞網》在 2024 年 3 月 12 日刊登報導〈蘇丹紅流竄全台……〉[2]，內文有這麼一段話：「目前，世界衛生組織轄下的國際癌症研究機構（IARC）將蘇丹紅歸類為第三級致癌物，也就是『未能分類致癌物』、『未有任何證據能分類其致癌性，證據力皆不足』。由於目前未有確切證據證實蘇丹紅對人體的毒性、致癌性、致突變性，也不具有立即毒性，因此倘若民眾吃到染有蘇丹紅的食品，也不用太過擔心。」由此可見，媒體以及一些所謂的專家總是喜歡利用 IARC 的分類來嚇唬老百姓。所以，請讀者務必要瞭解 IARC 分類的用意，以免一再被這些所謂的專家嚇得人仰馬翻。

　　IARC 在 2019 年 12 月 10 日發表文章〈IARC 關於人類致癌危害鑑定的專著——問題與回答〉[3]，其中兩個問題與回答是：

如何使用這些分類？IARC 可以根據這些分類執行法規嗎？

IARC 是一個研究組織，負責評估癌症病因的證據，但不提出健康建議。衛生和監管機構將 IARC 評估納入考慮防止接觸潛在致癌物的行動中。IARC 不建議制定法規、立法或公共衛生干預措施，這些措施仍然是各國政府和其他國際組織的責任。

就風險而言，分類意味著什麼？

此分類顯示某種物質或製劑可能導致癌症的證據強度。IARC 專著計劃（IARC Monographs Programme）旨在識別具有癌症危害的物質，這意味著它們有可能導致癌症。然而，該分類並不表明與給定暴露水平或環境相關的風險水平。與分配相同分類的物質或藥劑相關的癌症風險可能有很大不同，具體取決於暴露的類型和程度以及給定暴露水平下藥劑的影響程度等因素。

所以，IARC 分類只是「顯示某種物質或製劑可能導致癌症的證據強度」，而「不表明與給定暴露水平或環境相關的風險水平」。也就是說，一個被分類為 1 級致癌物的東西，它的致癌風險是要看「暴露水平或環境相關的風險水平」。例如被分類為 1 級致癌物的啤酒，每天喝一瓶 300 毫升，它的致癌風險是微乎其微。但是，同樣被分類為 1 級致癌物的香煙，每天抽一包二

十根，它的致癌風險則是高到破表。

所以，關於讀者 Kathy 所提的問題，我的回答是：「民眾對於菸、酒、加工肉類已經習以為常，所以媒體無法炒作。反之，蘇丹紅是一夕爆紅，所以媒體就大肆渲染，硬把它說成是致癌物。此外，即使是同等級的致癌物，致癌的風險卻是與級數不同。牛肉、羊肉、豬肉被分類為 2A 級致癌物，媒體會大肆渲染嗎？大家會嚇得人仰馬翻嗎？」

洗澡恐致癌？三鹵甲烷被渲染的風險

讀者莊先生在 2020 年 5 月 27 日用臉書簡訊提問：「林教授你好。想請問這篇文章的吸入三鹵甲烷風險，正確性高嗎？洗澡水需要過濾嗎？謝謝你。」

他附了一篇 2018 年 4 月 13 日發表在 TVBS 節目《健康 2.0》網站的文章〈每天都在吸毒氣？腎臟名醫：這種洗澡方式小心致癌！〉[4]，文章最下面註明「本文摘自《如何挑選健康好房子增訂版：江守山醫師的安心選屋指南》」，前兩段的重點則是：「每個人家中的自來水都含有一定量的三鹵甲烷，而三鹵甲烷已被證實會致癌，當我們盡情沖澡或是快活地在熱騰騰的浴缸中泡澡時，漫布的水蒸氣裡，可都是滿滿的三鹵甲烷。國科會

曾支持吳焜裕教授進行『毒理機制在風險評估的運用及本土化研究』，……他對中部 459 位民眾進行問卷調查，……評估國人終生因洗澡，吸入揮發性有機物質（三鹵甲烷等），每百萬人之中有 1.43 ～ 56.65 人，可能會有致癌的風險。」

　　我們現在來看看這段文字到底有多少真實性。第一，它說「三鹵甲烷已被證實會致癌」，但很不幸的是，這並非事實。根據〈IARC 致癌風險評估專著〉，三鹵甲烷被歸類為 2B 級，而 2B 級的定義是「對人類有低可能致癌性」。更荒唐的是，銀杏萃取物也是被歸類為 2B 級，而寫這篇文章的江醫師還鼓勵大家吃銀杏萃取物呢！（關於銀杏萃取物的問題，請複習《餐桌上的偽科學 2》130 頁。）

　　第二，來看這段文章的三個關鍵詞「終生」、「每百萬人之中有 1.43 ～ 56.65 人」及「可能」。先說「可能」好了。這世界上「可能」致癌的東西實在是太多了。想想看，就連豬肉都被歸類為更高的 2A 級致癌物，那隨便拋出個「可能會有致癌的風險」，除了嚇唬老百姓之外，還有什麼意義？。

　　再來，「每百萬人之中有 1.43 ～ 56.65 人」就只是推敲出來的數字，而不是實際測到的。縱然是實際測到的，縱然是用最高的 56.65 來計算，「終生」「每百萬人中有 56.65 人得癌」算是高癌率嗎？根據台灣癌症基金會[5]，台灣每年有十萬人得癌，

也就是說，每年每百萬人中約有五千人會得癌。那如果把「終生」算是七十歲，每百萬人中就約有三十五萬人會得癌。那麼，與三十五萬相比，56.65 算是個可怕的數字嗎？更何況 56.65 就只是個推敲出來的數字，更何況這還是硬把明明是「低可能致癌性」的三鹵甲烷說成是「證實致癌性」。

要知道，游泳池也會產生三鹵甲烷，尤其是室內游泳池的濃度還更高。可是，很多游泳選手每天在游泳池裡訓練至少兩個小時。這跟每天洗個十分鐘的澡，有多大的差別。何況游泳訓練需要用力吸氣，而且是吸得很深，那為什麼從來就沒有「游泳選手癌率較高」這樣的醫學報告？為什麼醫學界還鼓勵大家游泳？為什麼郝柏村先生曾說他的長壽秘訣是每天游泳？

這篇文章的作者被稱為「腎臟名醫」，到底是以什麼出名？他也出書說「水是造成台灣癌症的主要殺手」，說問題是出在自來水添加的氯會形成三鹵甲烷。可是，台灣癌症基金會的網站有一篇顏宗海醫師的文章[6]，第一節的標題是「坊間謠言：喝水致癌的迷思」，其中有一段指出：「根據國內飲用水水質標準，自來水中的總三鹵甲烷濃度是非常微量的，每公升的自來水不會超過 0.08 毫克，所以不會有致癌疑慮。」想想看，「名醫」大動干戈出書宣傳的東西，竟會被顏宗海醫師說是「坊間謠言」！

臉書粉絲專頁「文青別鬼扯」[7]說：「一位讓人弄不清楚

他到底是醫生還是魚販的商人,整天宣稱生活四周都有致癌毒素,告訴大家要追求『零汙染』生活,如今自己卻販賣有毒的咖啡,同時還汙衊別人的濾掛式咖啡會產生致癌物質,這就導致嚴重的道德倫理問題。」臉書粉絲專頁「Okogreen生態綠」[8]也說:「身為一位醫療專業者,本應以實驗結果為論證、法規調整為手段,這才是一名負責任的科學人。利用醫師身分做生意,卻違背科學方法來製造消費者恐慌、汙衊合法業者、擾亂市場信心,這種手段實在玷汙了白袍的光環。」

製造坊間謠言、整天宣稱生活四周都有致癌毒素、違背科學方法來製造消費者恐慌,這就是這位所謂的名醫如何出的名。再搭上媒體總喜歡用聳動的話題來爭取收視,才會把原本應該是放鬆享受的洗澡,妖魔化成像是在毒氣室裡受刑。

 林教授的科學健康指南

1. 根據 IARC 致癌物分級,含酒精飲料(啤酒、紅酒)以及加工肉類(香腸、培根)都是確定的致癌物,而被媒體說成是致癌物的蘇丹紅卻從未被確定是致癌物

2. 三鹵甲烷被 IARC 歸類為 2B 級,而 2B 級的定義是「對人類有低可能致癌性」,就連豬肉都被歸類為更高的 2A 級致癌物

3-2

貧血不適合吃五穀米？
燕麥會升高三酸甘油脂？

#植酸、草酸、抗營養素、增營養素、膽固醇

貧血不適合吃五穀米？論食物與單一元素的不同

讀者 Hyman 在 2021 年 11 月 16 日來信詢問：「請問教授，貧血真的不能吃五穀米嗎？因為本人地中海型貧血，此文章說不要吃過量，過量是指多少？還有五穀米裡面的草酸量，真的大到能夠影響鈣質吸收嗎？」

Hyman 寄來的連結是 2010 年 2 月 1 日發表在《康健雜誌》的文章〈五穀雜糧夯！五種人吃錯更傷身〉[1]。這篇文章含有很多錯誤資訊，但是我們先專注在貧血這部分。還有，請注意，這篇文章所觸及的是「缺鐵性貧血」，而不是「地中海型貧血」。地中海型貧血是遺傳性的血紅蛋白合成障礙，跟鐵的攝取和吸收無關。

這篇文章共列舉出五種不適合吃五穀米的人，而其中一種

是「貧血、少鈣的人」。此文說：「穀物的植酸、草酸含量高，會抑制鈣質，尤其抑制鐵質的吸收，所以缺鈣、貧血的人，更要聰明吃……。」所以，這篇文章是將植酸、草酸、鈣質、鐵質，混為一談。但是，混為一談是不對的，因為植酸與草酸有不同的作用，而鈣質跟鐵質有不同的吸收機制。

植酸與草酸都是所謂的「抗營養素」，也就是「會妨礙營養素被人體吸收的元素」。但是，不同的抗營養素會妨礙不同的營養素，所以不能混為一談。我在之前的文章就列舉過九大類的抗營養素，而第一和第二大類就分別是植酸與草酸。植酸是存在於堅果、種子和穀物的外殼（麩質），對礦物質如鈣、鎂、鐵、銅和鋅具有很強的結合力，導致沉澱，無法吸收。而草酸則存在於許多植物中，尤其是菠菜，會與鈣結合，防止其吸收。

所以，就是因為植酸會妨礙鐵的吸收，而穀物的麩質含有較多的植酸，才會有「貧血的人不適合吃五穀米」這樣的說法。但問題是，「植酸會妨礙鐵的吸收」可以直接被解讀成「五穀米會妨礙鐵的吸收」嗎？要知道，**食物中並不是只有抗營養素，而是也有「增營養素」。顧名思義，抗營養素會妨礙營養素的吸收，而「增營養素」則是會促進營養素的吸收**。目前已知的鐵的「增營養素」有三個，分別是維他命 A、維他命 C 和肉類。所以，只要是在吃五穀米的時候，也吃任何肉類或吃任何含有

維他命 A 或 C 的食物，就不用擔心會有鐵攝取不足的問題。

還有，肉類除了會促進鐵的吸收之外，它們本身也可以提供不受植酸影響的鐵的來源。「來自動物的鐵」指的是「血紅素鐵」（heme iron）。因為植酸只會妨礙來自植物性食物的鐵的吸收，而不會妨礙來自動物性食物的鐵的吸收。所以，葷食的人根本就不用擔心吃五穀米會妨礙鐵的吸收。

就是因為食物中同時含有抗營養素和增營養素，所以我之前就有寫過文章提醒，收錄在《餐桌上的偽科學》90 頁：「所謂的抗營養素，是一個聽起來很有學問，但卻沒有多大實質意義的名詞。」就植酸而言，它的確是鐵的抗營養素，但是因為食物中也含有維他命 A、維他命 C 及肉類這三個鐵的增營養素，所以，**儘管在實驗室裡植酸確實是會妨礙鐵的吸收，但是在真實生活裡，目前還沒有臨床證據顯示吃五穀米會造成貧血，或貧血的人不適合吃五穀米。**請看這篇論文〈生活在工業化國家的年輕女性缺鐵的飲食決定因素和可能的解決方案：綜述〉[2]。

真正重要的是，貧血的人應當去看醫生，找到徹底解決的方案，而不是被網路文章誤導，以為不吃五穀米，貧血的現象就會自動消失。希望讀者一定要記得，很多健康資訊都是「看一個影，生一個子」，明明只是聽說植酸會妨礙鐵質吸收，卻趕快昭告天下說五穀米會妨礙鐵質吸收。殊不知，我們吃的是

「食物」，而不是「單一元素」。

燕麥會升高三酸甘油脂？沒有根據

接著，繼續討論這篇文章的另一個錯誤「燕麥會升高三酸甘油酯」。這篇文章提到（「他」指的是台大食品科學研究所教授江文章）：「他尤其對現在風行的燕麥相當憂心。燕麥雖然是很好的穀類食物，具有多種健康益處，但一些人體實驗的研究報告卻傳出，燕麥雖然可降低總膽固醇和壞的膽固醇（LDL），但不能降低三酸甘油酯（膽固醇的一種），反而可能升高三酸甘油酯。……，一篇發表在 2007 年《營養學期刊》（Nutrition Journal）的研究發現，經過六週時間，每天吃 6 克 β - 聚葡萄糖（燕麥所含的可溶性纖維）的實驗組和沒有吃燕麥的對照組相比，壞的膽固醇降低較多，但和一開始做實驗相比，有些實驗組中的受試者，三酸甘油酯反而增加很多，而沒有吃燕麥的對照組，受試者的三酸甘油酯都下降。同時，實驗組和對照組之間的三酸甘油酯變化，有顯著的統計意義，意謂，真的『差很大』。『再吃下去會爆！』江文章拉高聲量提醒，至少三酸甘油酯高的人應考慮不吃燕麥，……，他在國際研討會上一有機會就力言，也曾主動跟業者溝通，希望業者不過度渲染燕麥的效

果，並希望產官學界正視這個問題，好好研究。」

首先，這段話裡的「三酸甘油酯（膽固醇的一種）」實在是很荒唐。三酸甘油酯也叫做三酸甘油脂，是由三條脂肪酸與甘油結合而形成的化學物質（也就是俗稱的脂肪）。請看下圖，由於脂肪酸的骨幹是一條碳鏈，而碳鏈可長可短（圖裡的虛線是代表不同長度），所以三酸甘油脂（即脂肪）的種類非常繁多。更多關於三酸甘油脂的介紹，請複習《偽科學檢驗站》90 頁。

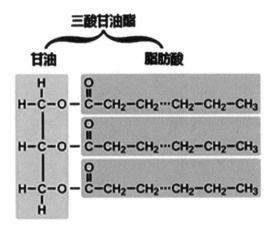

再看下圖，膽固醇就只是一個單一的化學物質（分子式是 $C_{27}H_{46}O$），而且完全不同於三酸甘油脂。我們俗稱的「好膽固醇」和「壞膽固醇」並非是因為有不同的膽固醇，而是因為有不同的蛋白質（負責運送膽固醇）。更多關於好壞膽固醇的介紹，請複習《餐桌上的偽科學》210 頁。

膽固醇

H₃C

H₃C

CH₃

CH₃

CH₃

HO

由此可見，《康健雜誌》這篇文章的作者根本就沒資格來討論三酸甘油脂和膽固醇。

這篇文章所說的研究是〈在一項隨機對照試驗中，濃縮燕麥 β - 葡聚醣（beta-glucan）是一種可發酵纖維，可降低高膽固醇血症成人的血清膽固醇〉[3]。請注意，這項研究的實驗組並非如江文章教授所說的「吃燕麥」，而是「吃 β - 葡聚醣」。所以，把吃 β - 葡聚醣說成吃燕麥，已經是很不恰當。還有，這項研究的對照組也並非如江文章教授所說的「沒有吃燕麥」，而是「吃葡萄糖」。更重要的是，這篇論文裡的三酸甘油脂實驗數據是疑點重重。為了讓讀者看到全貌，我把這部分的原文複製如下：

Triglycerides increased 0.09 $\pm$ 0.1 mmol/L (mean $\pm$ SEM) in the treatment group (from baseline of 1.9 $\pm$ 0.1 mmol/L), but this change was not significantly different than 0. Triglycerides fell 0.2 $\pm$ 0.1

mmol/L (mean ± SEM) in the placebo group. The triglyceride change between the treatment and control group was significantly different (p = 0.030).

從這段原文就可看出，三酸甘油脂只不過是從 1.9mmol/L 上升至 1.99mmol/L，也就是不到 5%。可是，江文章教授卻說「增加很多」。還有，「not significantly different than 0」是什麼意思？唯一的解釋是寫錯了。再來，對照組的三酸甘油脂是下降了 0.2 ± 0.1mmol/L，也就是超過 10%。可是，吃葡萄糖怎麼可能會讓三酸甘油脂下降如此之多？難道說，葡萄糖竟然可以是控制血脂的良藥？唯一的解釋是實驗數據錯了。如果我是這篇論文的評審，我一定會將它退回，要作者重做這部分的實驗。

事實上，論文的作者很顯然是有自知之明。在整篇論文裡，三酸甘油脂的英文「triglycerides」也就只出現在我複製的那一段以及相關圖表裡。它既沒有出現在「討論」（Discussion），也沒有出現在「文摘」（Abstract）裡。這就表示，論文作者認為三酸甘油脂的相關數據是有問題或不重要，所以不需要討論，也不需要放在文摘裡，甚至就只在標題裡說「降低膽固醇」，而不說「升高三酸甘油脂」。

2021 年 5 月有一篇關於燕麥的臨床研究論文〈血清代謝組

學揭示食用燕麥降低膽固醇作用的潛在機制：一項在輕度高膽固醇血症人群中的隨機對照試驗〉[4]，這篇論文在文摘裡就指出：「燕麥可以降低總膽固醇和低密度膽固醇水平，而三酸甘油脂水平則沒有變化。」在我看過的幾十篇關於燕麥的論文文摘裡，沒有任何一篇說「燕麥會升高三酸甘油脂」。

林教授的科學健康指南

1. 植酸會妨礙鐵的吸收，而穀物的麩質含有較多的植酸，所以才會有「貧血的人不適合吃五穀米」這樣的說法。但「植酸會妨礙鐵質吸收」不等於「五穀米會妨礙鐵質吸收」，因為食物並不是單一元素，其中也會有增營養素的存在

2. 燕麥可以降低總膽固醇和低密度膽固醇水平，而「燕麥會升高三酸甘油酯」則是沒有科學根據

破解燕麥有害論，
詳述燕麥的好處與美味食譜

#柏格醫生、孟山都、除草劑、嘉磷塞、膽固醇、可溶性纖維

燕麥會越吃越多病？與事實不符

讀者 Pat 在 2023 年 4 月 10 日留言：「教授您好，最近有 YouTuber 引用不少研究說吃燕麥有害，請問這種說法正確嗎？」讀者陳生也在 2023 年 5 月 1 日詢問：「林教授您好，最近在香港經常說燕麥不是健康食品，可否提供你的見解呢？謝謝。」

兩位讀者都提供了同一個影片連結[1]，是一個叫「Stormtrooper 白兵」的 YouTuber 發表的。此人有很多粉絲，但他的 YouTube 帳號和臉書帳號都沒有提及自己受過什麼科學或醫學訓練。讀者陳先生還提供了另一個影片連結[2]，是一個叫做「柏格醫生」（Dr. Berg）的 YouTuber 發表的。他的影片有被製作成「柏格醫生中文健康知識」的系列，但其實他並不是醫生。這位網紅的

本行是整骨師，但現在已經不幹了。這是可以理解的，因為當網紅的收入肯定是整骨師的好幾倍。他的影片內容都儼然像個教授一樣，在白板上講解各種飲食對健康影響的機制。由於演技精湛，伶牙俐齒，又看起來相當權威，也就難怪會受到廣大的追捧。當然啦，一定也有很多人誤以為他是醫生而崇拜。

他除了吹捧斷食之外，也鼓勵生酮飲食。有關生酮飲食的危險性，請複習《餐桌上的偽科學》245 頁，這裡就不再多提了。不管如何，柏格「醫生」在講解有關斷食、生酮或其他健康議題時，所採用的策略就是所謂的「採櫻桃／單方論證」（cherry-picking），專挑對他有利的證據，但就是不提對他不利的。更嚴重的是，為了達到推銷斷食和生酮的目的，他的講解往往是扭曲事實或編織故事。讀者如果想進一步瞭解，可以去看一位年輕醫師在 2019 年 11 月 13 日上傳的影片〈柏格「醫生」──揭穿〉[3]和 2020 年 5 月 9 日上傳的影片〈柏格醫生，粉絲信函（好笑）〉[4]，裡面有提供科學證據。

桂格麥片含除草劑，但是「量」非常安全

讀者 Pcheng 在 2018 年 8 月 17 日寄來電郵詢問：「你能評論最近有關桂格麥片含有嘉磷塞的新聞嗎？我很擔心，因為我

多年來一直吃桂格麥片作為早餐。我應該停止吃麥片早餐嗎？我非常不希望改變我六十年的習慣，謝謝。」

嘉磷塞（glyphosate）是世界銷量第一的除草劑年年春（Roundup）的有效成分。年年春的生產公司是美國的孟山都（Monsanto），而孟山都被激進團體稱為「邪惡公司」。除草劑、殺蟲劑等等帶著殺氣的化學物質，都是會讓人自然而然地與「邪惡」聯想在一起。一旦它們又跟民眾習以為常的食品掛鉤，當然就會在社會造成轟動。**但是，轟動往往是一回事，事實卻又是另外一回事。就像我寫過很多次的這段話：「任何東西，包括我們賴以為生的水，都可能是有毒的，關鍵在於：量。」**

根據那個新聞報導，所有被調查的四十五種燕麥食品裡，嘉磷塞的量是從 0ppm 到 1.3ppm。可是呢，官方的嘉磷塞安全劑量，在美國是 30ppm 以下，在歐盟是 20ppm 以下。也就是說，該調查所發現的最高劑量連美國官方的二十分之一都不到。

當然，「官方的標準」也不是人人都願意買單。那什麼才是大家都買單的標準呢？根據那則新聞報導，那個做調查的團體說，安全劑量是 0.16ppm 以下。也就是說，要把目前美國官方的安全劑量下調將近兩百倍。「那個做調查的團體」到底是何方神聖，怎麼敢兩百倍地挑戰眾多學者專家所訂定的官方安全劑量？

這個團體叫做「環境工作小組」（Environmental Working

Group，EWG），是一個總部設於美國首都的民間環保組織。這個組織可以說是功績顯赫，三不五時就會投下一顆環保或食安的震撼彈。炸彈如果沒有引爆，當然也就不會震撼。偏偏媒體就是喜歡爆炸性的話題，而一般民眾又搞不清什麼是真科學，什麼是偽科學。所以，這個「環境工作小組」就把握良機，肆意滋行，為所欲為。

只不過，這個團體所做的調查和所訂定的安全標準，往往是與科學證據相左。有鑑於媒體往往過度渲染化學品對健康的影響，喬治梅森大學（George Mason University）的教授羅伯特・李奇（Robert Lichter）在 2009 年主導了一項調查，總結成一份報告[5]。報告的開頭是這麼說的：「從嬰兒奶瓶到浴簾，從 iPod 到口紅、新車氣味到不沾鍋，最近的媒體報導警告美國公眾關於有毒化學品在日常使用中的隱患。為了找出專家對化學品風險的看法，媒體和公共事務中心協調了一項專門研究毒理學的科學家的調查。」參與這項調查的是九百三十七名毒理學學會（Society of Toxicology）的成員，而其中八成表示，「環境工作小組」誇大了化學品的健康風險。

在 2011 年，加州大學戴維斯分校的食品科學教授卡爾・溫特（Carl K. Winter）更是發表了一篇駁斥「環境工作小組」的論文[6]。總之，這條「桂格麥片含除草劑」的新聞只不過又是「環

境工作小組」的傑作。習慣了就好。

吃麥片好處多的科學證據

有關燕麥與健康關聯性的研究是多不勝數，以下我就只列舉 2020 年之後的論文。

一、2020 年論文〈燕麥片和早餐食品替代品的替代和中風的發生率〉[7]。結論：我們的研究結果表明，含有燕麥片而不是白麵包或雞蛋的飲食可能與較低的中風發生率有關。

二、2020 年論文〈成人二型糖尿病的短期飲食燕麥干預：一種被遺忘的工具〉[8]。結論：幾乎被遺忘的是，短期飲食燕麥片是一種經濟但非常有效的工具，可以更好地控制二型糖尿病患者的血糖。

三、2020 年論文〈未控制的二型糖尿病患者的膽汁酸——兩天燕麥片治療的效果〉[9]。背景：β-葡聚醣可有效結合膽汁酸（BA），從而降低膽固醇濃度。這可能有助於食用富含 β-葡聚醣的食物（如燕麥片）對葡萄糖穩態產生有益影響。結論：與適應糖尿病的對照飲食相比，兩天的燕麥飲食導致總 BA 顯著降低。BA 減少的幅度與胰島素原的減少直接相關。

四、2020 年論文〈中國人 CYP7A1_rs3808607 基因型對血

清低密度脂蛋白膽固醇對燕麥攝入的反應〉[10]。結論：細胞色素
P450 家族 7 亞家族 A 成員 1 基因 rs3808607 中的 SNP 與食用燕
麥片後 LDL 膽固醇降低的程度相關。需要更大樣本量的試驗來
證實這些發現。

五、2020 年論文〈燕麥引起的腸道菌群改變及其與血脂改
善的關係：一項隨機臨床試驗的二次分析〉[11]。結論：厚壁菌門
的陽性反應可能是燕麥片誘導微生物群改變的一個關鍵特徵，
而食用燕麥片的潛在降膽固醇機制之一可能是其微生物群操縱
能力，其中 Blautia 屬的富集發揮了潛在的重要作用。目前的結
果應該謹慎對待，需要更多的研究來進一步驗證。

六、2020 年論文〈燕麥片對女性高強度間歇訓練後運動誘
導的活性氧產生的急性影響：一項隨機對照試驗〉[12]。結論：在
高強度間歇訓練之前食用燕麥片可能會減輕運動引起的活性氧
產生。

七、2022 年論文〈燕麥飲食後心臟代謝風險標誌物的改善
與輕度高膽固醇血症個體的腸道微生物群有關〉[13]。結論：燕麥
片可以引起血脂、氧化應激、腸道微生物群組成和短鏈脂肪酸
的一些有益變化。相關性分析進一步擴展了我們對腸道微生物
群和短鏈脂肪酸在改善心臟代謝風險標誌物中的作用的理解。

美國心臟協會強力推薦燕麥的理由

　　哈佛大學在 2018 年發表文章〈燕麥片是早餐的好選擇，但要控制糖分〉[14]，此文是這麼說的：「燕麥富含纖維，可促進飽腹感、緩解胰島素反應並有益於腸道健康。它也是維他命 B 和 E 以及鎂等礦物質的來源。但是，哈佛大學營養學和流行病學教授艾德華・喬凡努西（Edward Giovannucci）表示，如果燕麥片中含有糖、鈉或其他添加劑，這些和其他好處可能會被抵銷。『全穀類是有益健康的食物，我可以說燕麥片絕對有益。』營養學助理教授孫琦（Qi Sun）在同一篇文章中說，只要是無糖的，『早餐吃燕麥片是不錯的選擇。』」

　　美國心臟協會在 2022 年 9 月 1 日發表文章〈重新認識燕麥片——它沒你想的那麼簡單〉[15]，我把重點翻譯如下：

　　路易斯安那州立大學彭寧頓生物醫學研究中心（Pennington Biomedical Research Center）營養和慢性病研究項目主任坎迪達・雷貝洛（Candida Rebello）說：「燕麥有很多很好的品質。」大量的研究表明，燕麥和燕麥片具有許多有益心臟健康的益處，例如降低膽固醇（總膽固醇和壞膽固醇）和幫助控制體重。

　　燕麥含有大量的維他命和礦物質。兩個例子：根據美國

農業部的數據，一杯煮熟的燕麥片含有大約 1.8 毫克的維他命 B1，這接近成年人每天所需量的 15%。它還含有 1.36 毫克錳，占男性每日推薦量的 59%，女性為 76%。錳在免疫力、血液凝固以及膽固醇和血糖的代謝方式中發揮作用。

纖維的類型是燕麥與眾不同的地方。它被稱為 β- 葡聚醣，是一種可溶性纖維，這意味著會溶解在熱水中並變稠。當你吃燕麥片時的那種黏稠感，就是來自於 β- 葡聚醣產生的黏稠度。這可以幫助你感覺更飽。它還可以幫助未消化的食物在您的消化道中移動得更遠，並為生活在那裡的友好細菌提供食物。β- 葡聚醣已非常明確地被證明有助於維持健康的膽固醇水平。

燕麥還含有豐富的植物營養素——源自植物的物質，可以促進健康。其中一類植物營養素是燕麥醯胺（avenanthramides），它只存在於燕麥中。可能具有抗氧化和抗炎作用，儘管其可能的益處沒有像 β- 葡聚醣那樣得到充分研究。

自 1960 年代以來，燕麥就與心臟健康有關。雷貝洛博士說：「我肯定推薦吃燕麥。」

燕麥難吃？因為你不會煮

我在網站發表關於燕麥的系列文章後，獲得了非常高的點

擊率，可真的是要拜謝那幾位創造（捏造）「燕麥有害論」的網紅。不管如何，有讀者留言說，雖然相信燕麥是有益健康，但不願意再吃，因為實在是很難吃。也有讀者來問是哪個牌子、怎麼煮等等。在回答之前我先聲明，我從沒有接受過任何金錢上的贊助，也會拒絕任何金錢上的贊助。所以，當我提到我用某某品牌時，純粹就只是事實陳述，而沒有推銷或代言的意圖。

在台灣，「燕麥片」有可能會跟「麥片」搞混。燕麥片的英文是 oatmeal，而它是把燕麥（oat）去殼、蒸煮、碾壓而成，其成分為 100% 燕麥。燕麥片通常需要煮過才可以吃。麥片的英文是 cereal，大多是使用玉米、小麥、大麥、稻米等各類穀物混合（可能根本不含燕麥），經熟化、烘烤、塑型，再加上糖粉、香料、色素等，使其香脆可口，色彩繽紛。麥片通常不需要煮就可以吃（通常是加在牛奶裡）。

燕麥片通常分成四大類型：一、燕麥粒（steel-cut oats）；二、傳統燕麥片（rolled oats ／ old-fashioned oats）；三、快熟燕麥片（quick-cooking oats）；四、即食燕麥片（instant oats）。從一到四，烹煮的時間是從半小時到零，而口感則是從厚實 Q 彈到黏糊沒咬感。

一、燕麥粒：將燕麥顆粒去殼，再使用鋼刀切割而成。需要用文火煮三十到四十分鐘。口感厚實 Q 彈。

二、傳統燕麥片：將燕麥顆粒烘烤、去殼、蒸軟，並碾壓成片狀。需要煮五到十分鐘。

三、快熟燕麥片：將燕麥顆粒切成碎粒，然後烘烤、去殼、蒸軟，並碾壓成片狀。需要煮一分鐘。

四、即食燕麥片：將燕麥顆粒切得更細（幾乎成粉狀），然後烘烤、去殼、蒸軟，並碾壓成片狀。熱開水一沖，即可食用。

我們家都是用第二類，桂格的傳統燕麥片。最簡單的做法就是把它煮軟後，加入牛奶即可食用。我們家都是用全脂牛奶。也可以煮滾後放置隔夜，加入牛奶再煮滾，熄火後大約五分鐘即可食用。原則上是煮得越久就越軟爛，而浸泡（放置）越久就越黏稠。至於燕麥片、水和牛奶的比例，可以根據個人的喜好來調整。

我們家大多是吃「小米綠豆仁燕麥粥」，這是我太太的私房菜，也是我最愛吃的。大致的做法是：把 2 茶匙小米和 6 茶匙綠豆仁加入 4 米杯的水，煮滾後加入 8 大匙桂格傳統燕麥片，然後熄火放隔夜。隔天早上，再煮滾（可加水稀釋），然後加入大約一杯牛奶，再煮滾，熄火後大約五分鐘即可食用。多次煮滾是因為綠豆仁需要煮開花才會好吃。

因為這樣做出來的燕麥粥或小米綠豆仁燕麥粥沒有加鹽或糖，所以可以當作是「美國稀飯」，也就是說，任君搭配各種水

果（香蕉、酪梨）、堅果、餅乾和菜餚（蛋、肉、青菜）。早上急著要上班的人，可以煮一鍋還沒加牛奶的燕麥粥或小米綠豆仁燕麥粥，放在冰箱裡，要吃的時候，盛一碗加入牛奶，微波加熱即可食用。

 林教授的科學健康指南

1. 燕麥富含纖維，可促進飽腹感、緩解胰島素反應並有益於腸道健康，也是維他命 B 和 E 以及鎂等礦物質的來源。但是，如果燕麥片中含有糖、鈉或其他添加劑，好處可能會被抵銷

2. 新聞報導中所有被調查的四十五種燕麥食品裡，除草劑嘉磷塞的量是從 0ppm 到 1.3ppm。該調查所發現的最高劑量連美國官方規定的二十分之一都不到

3. 大量的研究表明，燕麥和燕麥片具有許多有益心臟健康的益處，例如降低膽固醇（總膽固醇和壞膽固醇）和幫助控制體重。燕麥也含有大量的維他命和礦物質

4. 燕麥含有的纖維類型被稱為 β-葡聚醣，是一種可溶性纖維，除了增加飽足感，還可以幫助未消化的食物在消化道中移動得更遠，並為那裡的友好細菌提供食物。β-葡聚醣已非常明確地被證明有助於維持健康的膽固醇水平

3-4
糙米的謠言與健康分析

\#砷、糖尿病、腎臟病、瘦身、133 低醣飲食法、適醣均衡飲食

糙米比較不健康？不利瘦身？砷含量較高？

　　讀者翟偉利在 2019 年 9 月 10 日提問：「請問糙米是否會增加腎負擔？」他附上一個連結，是一篇 2019 年 9 月 3 日發表在《中時電子報》的文章〈糙米增加腎負擔！醫生曝吃白飯好處〉[1]。這篇文章說：「為了減肥不吃白飯的人很多，甚至開始推崇吃糙米或是其他雜糧穀物代替白飯，但瘦身專家郭育祥指出，脫殼去穀的白米也算原型食物，其實只要知道正確吃法，好處比你想像得多！而糙米更不見得比白米健康，因為外殼極可能有重金屬殘留！郭育祥指出，糙米又叫棕米，外面有一層殼沒有去掉，從美國很多研究發現，很多州都比較不建議吃糙米，『他們發現糙米或五穀雜糧的殼裡面可能含有一些重金屬，檢驗出來是重金屬砷，還會有農藥殘留。』反觀白米的採收很簡單，會把外殼去掉，自然農藥跟重金屬殘留會降到最低。此外，全

穀類的外殼富含大量的磷酸，就像可樂裡也含有磷酸，人體在排出磷酸的時候，也會把鈣質跟著排出來，讓身體在代謝過程中增加腎臟負擔。郭育祥表示，『磷酸排除的必要條件是與鈣質結合，故長期大量食用，可能有損骨本。』其實吃白米飯就能增加飽足感，還能吃得很安心。」

首先，關於「從美國很多研究發現，很多州都比較不建議吃糙米」，我查不到有任何美國的州不建議吃糙米。相反地，我在美國聯邦官方的《2015 － 2020 飲食指南》（2015-2020 Dietary Guidelines for Americans）[2] 第 49 頁卻看到建議，要大家從白米飯改

age-related decline in dairy intake begins in childhood, and intakes persist at low levels for adults of all ages.

Fluid milk (51%) and cheese (45%) comprise most of dairy consumption. Yogurt (2.6%) and fortified soy beverages (commonly known as "soymilk") (1.5%) make up the rest of dairy intake. About three-fourths of all milk is consumed as a beverage or on cereal, but cheese is most commonly consumed as part of mixed dishes, such as burgers, sandwiches, tacos, pizza, and pasta dishes.

***Shift* To Make Half of All Grains Consumed Be Whole Grains:**

Shifting from refined to whole-grain versions of commonly consumed foods—such as from white to 100% whole-wheat breads, white to whole-grain pasta, and white to brown rice—would increase whole-grain intakes and lower refined grain intakes to help meet recommendations. Strategies to increase whole grains in place of refined grains include using the ingredient list on packaged foods to select foods that have whole grains listed as the first grain ingredient. Another strategy is to cut back on refined grain desserts and sweet snacks such as cakes, cookies, and pastries, which are high in added sugars,

***Shift* To Consume More Dairy Products in Nutrient-Dense Forms:**

Most individuals in the United States would benefit by increasing dairy intake in fat-free or low-fat forms, whether from milk (including lactose-free milk), yogurt, and cheese or from fortified soy beverages (soymilk). Some sweetened milk and yogurt products may be included in a healthy eating

美國聯邦官方的《2015-2020 飲食指南》第 49 頁，建議將白米換成糙米

成吃糙米飯（因為這樣才能達到該飲食指南所建議的營養攝取）。所以，很顯然地，「很多州都比較不建議吃糙米」，是錯誤資訊。

有關瘦身，我們來看一篇 2019 年 5 月發表的研究論文〈日本工人大米消費與體重增加的關係：白米與糙米／雜糧米之間的比較〉[3]。它的結論是：「白米飯與一年體重增加三公斤或更多的風險有正相關性，而糙米飯或雜糧米飯則無相關性。這表明糙米飯／雜糧米飯對於體重的控制是有用的。」

有關重金屬，我們來看一篇 2019 年發表的研究論文〈糙米和精米中營養成分和有毒元素的分布〉[4]。其結論是：「雖然 P、K、Mn 和 Fe 主要位於麩皮層中，但是在麩皮和胚乳中都存在 S、Cu、Zn、As、Se、Mo、Cd 和 Hg。由於穀物中的元素分布變化，白米的製作過程會去除不同量的營養和有毒元素。」也就是說，糙米和白米在營養和有毒元素的含量上，各有優缺點。

至於有關「砷」的問題，美國 FDA 在 2016 年 4 月 1 日發表的文章[5]裡有這麼一句話：「FDA 估計，在美國每十萬人的一生中，米飯和米產品中的無機砷會導致四例肺癌和膀胱癌。這一估計數是遠遠低於全國肺癌和膀胱癌病例的 1%。」也就是說，不管是糙米或白米的砷含量，對於肺癌和膀胱癌的發生率，幾乎都沒影響。

另外，根據一篇 2016 年 2 月 1 日發表的研究論文〈美國

男性和女性的米飯攝食和癌症發生率〉[6]，糙米或白米的砷含量對於所有癌的發生率，也幾乎都沒影響。這項研究共調查了 45,231 位男性和 160,408 位女性，分析他們在二十六年裡米飯攝食情況和癌症發生的關聯性。此論文得到的結論是：「長期食用米飯，不管是白米或糙米，與美國男性和女性患癌症的風險無關。」

還有，台灣的《食力》網站在 2017 年 12 月 24 日有發表一篇文章〈米裡面有砷，到底該不該擔心？〉[7]，其中一個小節的標題是「別擔心！國人食米攝取的砷劑量低於國際標準」，而其中的一句話是：「衛生福利部食品藥物管理署 2013 年曾針對全國六十五件穀類樣品與五十五件雜糧樣品進行抽樣，總砷分析結果顯示糙米濃度高於白米，但所有樣品的總砷濃度皆未超過英國與澳洲所訂定食用稻米砷含量標準值 1ppm。」所以，儘管糙米的含砷量是高於白米，但還是在安全範圍裡。

至於「增加腎臟負擔」和「有損骨本」的說法，也是毫無臨床證據。頂多也就只不過是，由於糙米含有較多的磷和鉀，所以對慢性腎臟病患者也許是較不適合[8]。

總之，《中時電子報》這篇文章所說的有關糙米的種種壞處，只不過就是一位所謂的瘦身專家的個人意見，而非基於科學證據的事實。

糖尿病前期飲食，兩個論點完全不同的醫師

讀者 Bear 在 2023 年 8 月 13 日詢問：「敬愛的教授，我又要來請教您有關糖尿病前期的問題了。目前我看到最火熱的兩位醫師觀點不同。宜蘭糖尿病專科醫師游能俊醫師提倡『133 低醣飲食法』（三分之一碗飯＋三份菜＋三份肉）。書田診所新陳代謝科洪建德推廣『適醣均衡飲食』，強調白飯比糙米飯好。看了之後白飯就變成雙面刃，吃也糟糕不吃也糟糕。請問教授，糖尿病前期者，上述兩個論點完全不同的醫師到底何者比較合乎主流醫學呢？要超低醣，還是放心吃白米飯。每餐一份醣的飯真的可以維持基本能量嗎？白飯一碗真的不會讓血醣破表嗎？盼望教授能幫助徬徨的糖尿病前期讀者或醣友。感謝您！」

首先，**我給所有讀者的建議是：不要浪費時間看沒有科學根據的醫療及飲食方面的建議，不管提供建議的人是名醫還是庸醫。** 事實上我已經發表過數百篇文章駁斥一大堆醫師（包括一大堆所謂的名醫）所提供的錯誤資訊。這些錯誤資訊，輕則浪費讀者時間，重則足以致命。

有關白米飯還是糙米飯較健康，請看我寫的上一段文章。有關糖尿病前期的人應當選擇白米飯還是糙米飯，請看 2013 年發表的論文〈全米飲食對糖尿病前期代謝參數和炎症標誌物的

影響〉[9]。

這項研究的對象是一百位住在紐約市法拉盛地區的糖尿病前期華裔美國人。他們被隨機分成兩組，一組是繼續吃白米飯，另一組則是改成吃糙米飯（n＝49），為期三個月。結果共有五十八名受試者（白米＝28，糙米＝30）完成這項研究。他們的分析顯示，只有吃糙米飯的人體重才會顯著減輕，收縮壓和舒張壓也會下降。與白米組相比，糙米組的胰島素和 HOMA、血清 AGE 和 8- 異前列腺素（8-isoprostane）均降低。這篇論文的結論是：**在每天大量食用大米的糖尿病前期人群中，用糙米代替白米對於改善其代謝危險因素具有非常有益的作用。**

我所搜到的有關正確糖尿病前期飲食的資訊，是來自信譽卓著的醫療機構，包括梅約診所[10]、克里夫蘭診所[11]、約翰霍普金斯大學[12]、哈佛大學[13]、美國醫學會[14]、美國糖尿病協會[15]。這些可靠資訊清一色地建議，如果要吃米飯的話，就不要吃白米飯，而要吃糙米飯。但是，這些資訊都沒有特別建議要吃多少飯。道理其實很簡單，因為這要看其他含碳水化合物食物的攝取量。縱然是所謂的一碗飯，也會有大小的差別，所以實在無法簡單給個數字。可以肯定的是，只要是有從其他食物來源攝取到足夠的熱量，縱然是不吃飯也絕對不會有無法維持基本能量的問題。

　　最後，我再強調一次：千萬不要相信什麼名醫提供的醫療或營養資訊，除非他有提供可靠的科學證據。任何人，包括名醫，所發表的文章或書籍，如果只是用來闡述個人經驗，都不能算是科學證據。

 林教授的科學健康指南

1. 可靠資訊來源一致建議，如果要吃米飯的話，就不要吃白米飯，而要吃糙米飯。美國聯邦官方的《2015 － 2020 飲食指南》建議將白米換成糙米，因為這樣才能達到該飲食指南所建議的營養攝取

2. 糙米會「增加腎臟負擔」和「有損骨本」的說法毫無臨床證據。頂多也就只不過是，由於糙米含有較多的磷和鉀，所以對慢性腎臟病患者也許是較不適合

全麥麵包與小麥的謠言釋疑

＃小麥胚芽凝集素（WGA）、全穀物、肌少症、小麥的真相

全麥麵包會肌少症，醫師說的能信嗎？

讀者李先生在 2023 年 6 月 19 日來信詢問：「林教授，您好。最近在報紙上看到一篇文章提到小麥胚芽凝集素（WGA）會造成肌少症，不曉得這個說法正確否？很想聽聽您專家的意見。附上這篇短文，謝謝您。」

他附上的是 2023 年 6 月 13 日發表在《中時新聞網》的文章〈肌少症傷腦又奪命，醫點名「一健康食物」竟害減肌增脂〉[1]，有關小麥胚芽凝集素的部分是：「家醫科醫師李思賢在其臉書表示，……另一個使肌少症惡化的兇手就是小麥胚芽凝集素（WGA）。李思賢表示，它是種非常小的蛋白質，即使人沒有腸漏症也會滲入身體內部。WGA 使肌肉無法得到應有的葡萄糖，而讓葡萄糖轉變為脂肪貯存，因此會害人減肌增脂。他並表示，WGA 不存在於白麵包中，只存在於全麥麵包的麥糠裡

面，所以如果為了健康去吃全麥麵包，可能會得到反效果。」
我到李思賢醫師的臉書查看，這篇〈小麥胚芽凝集素會導致肌
少症〉的文章有四百多個讚及四十多則留言。其中一個留言是
「請問燕麥也會有嗎」，而李思賢醫師回答「是的」。

　　有關網路上對燕麥的刻意抹黑，我已在本書 173 頁澄清
過。肌少症的英文是 sarcopenia，小麥胚芽凝集素的英文是 wheat
germ agglutinin。我用這兩個關鍵詞在谷歌和公共醫學圖書館
PubMed 搜索，而結果是零。

　　克里夫蘭診所有發表一篇有關肌少症的文章[2]，但是裡面完
全沒有提起全麥麵包或小麥胚芽凝集素會造成肌少症。我又閱
讀了兩篇 2023 年發表的有關肌少症的綜述論文〈肌少症的流行
病學：患病率、危險因素和後果〉[3] 和〈肌少症發病機制、營養
和藥物方法的見解：系統評價〉[4]，也完全沒有提起全麥麵包或
小麥胚芽凝集素會造成肌少症。

　　有關小麥胚芽凝集素是否對健康有害，我搜到 2014 年發
表的綜述論文〈小麥凝集素對健康的影響：綜述〉[5]，它的文摘
說：「小麥胚芽中存在的一部分蛋白質被表徵為小麥胚芽凝集素
（WGA）。有些流行營養計劃作者提出了這種小麥凝集素對健康
的不利影響，所以我們嚴格審查了關於小麥凝集素對肥胖、自
身免疫疾病和乳糜瀉等健康因素影響機制的最新研究結果。我

們的結論是，存在許多未經證實的假設。目前有關膳食凝集素對健康影響的數據並不支持對人類健康產生負面影響。正好相反，食用含有 WGA 的食物，如穀物和全穀物產品，已被證明可以顯著降低二型糖尿病、心血管疾病、某些類型癌症的風險，並可以改善長期體重管理。」

我也搜到一篇 2022 年發表的綜述論文〈全穀物中調節骨骼肌功能的生物活性成分〉[6]，其中有這麼一段話：「已經很明顯，全穀物和全穀物產品具有巨大的營養和促進健康的特性，因為胚芽和麩皮部分含有獨特的生物活性成分（膳食纖維、β - 葡聚醣、酚類、類胡蘿蔔素和生育三烯酚）。」

信譽卓著的梅約診所發表的文章〈全穀物：健康飲食的豐盛選擇〉[7]，在一開頭就說：**「全穀食品是營養飲食的不錯選擇。全穀物提供纖維、維他命、礦物質和其他營養物質。全穀食品有助於控制膽固醇水平、體重和血壓。這些食物還有助於降低患糖尿病、心臟病和其他疾病的風險。」**

在美國聯邦官方的《2015 － 2020 飲食指南》第 23 頁有這麼一段話：「與積極健康結果相關的飲食模式的共同特徵，包括相對較高的蔬菜、水果、豆類、全穀物、……」

「華人社區健康資源中心」發表的〈全穀類食物〉[8]有這麼一段話：「進食全穀類食物的好處：全穀類食物含有豐富的維他

命 B 群、礦物質和纖維素。它們屬於天然低脂食品。進食全穀類食物可能會降低患上某些慢性疾病的風險；包括心臟病、糖尿病和某些癌症。」

2023 年 7 月 17 日，世界衛生組織發布〈更新脂肪和碳水化合物指南〉[9]，其中有這一句話：「世衛組織提出了一項新建議，即兩歲及以上的每個人的碳水化合物攝入量應主要來自全穀物、蔬菜、水果和豆類。」

所以，各位讀者是要相信這些醫學論文以及有信譽的健康資訊，還是李思賢醫師沒有科學證據的臉書文章？

《小麥完全真相》的真相

讀者 Arthur 在 2023 年 10 月 5 日留言詢問：「請問教授，這篇文章提到『吃兩片全麥麵包，跟喝一罐含糖汽水或吃一條糖果相比，除了吞下較多的纖維素之外，真的差別不大，甚至比後者更不好』是真的嗎？」

他寄來的文章是 2022 年 12 月 2 日刊登在《天下雜誌》的文章〈每天來點燕麥？小心，兩片全麥麵包可能比糖果更糟〉[10]，內容摘錄自 2022 年出版的書籍《小麥完全真相（暢銷新版）》。雖然這篇文章的標題裡有「燕麥」，內文卻只有「小麥」

（共出現二十七次）。所以，《天下雜誌》的編輯顯然是錯把王菲當張飛。不管如何，這本書是翻譯自 2019 年出版的英文書籍，作者是美國的心臟科醫師威廉・戴維斯（William Davis），原文書名「小麥肚」（Wheat Belly）是這位作者的金字招牌。他說他原本是大腹便便，但後來不吃小麥食物後，大肚腩就奇蹟似地消失了。所以，他寫這本書的目的就是要告訴大家小麥是百病之源。

這本書的原版是在 2011 年 8 月 30 日發行，所以有關此書的評論從 2012 年開始出現，例如 2012 年 9 月 27 日發表的文章〈AACC 國際發布針對小麥肚的基於科學的回應〉[11]。AACC 是美國穀物化學家協會（American Association of Cereal Chemists）的縮寫，它原本是一個美國本土的非營利組織，但後來為了要國際化而把名稱改為 AACC International。這篇文章所說的「基於科學的回應」，是美國聖凱瑟琳大學（St. Catherine University）營養學系名譽教授朱利・瓊斯（Julie Jones）博士寫的文章〈小麥肚——書中精選陳述和基本論文的分析〉[12]。

這篇十三頁的文章共引用了一百一十六篇論文來逐條分析（反駁）《小麥完全真相》這本書裡面的種種聲稱。文章的最後說：「對於穀物化學家來說，這本書具有挑釁性。作為一個行業，我們必須努力確保掌握最新信息，並始終保持警惕，確保

品種和食品的變化不會產生意想不到的後果。我們還需要能夠用可靠的科學和公正的批判性推理，來反駁有關小麥和小麥產品的毫無根據的理論和指控。」

佛瑞德‧布朗斯（Fred Brouns）博士是荷蘭馬斯垂克大學（Maastricht University）人類生物學、健康食品創新管理學系的教授，他和另外兩位食物學專家在 2013 年發表論文〈小麥會讓我們變胖和生病嗎？〉[13]。部分文摘是：「最近有人提出食用小麥對健康有不良影響。我們討論了這些論點並得出結論：它們無法得到證實。此外，我們得出的結論是，**將肥胖的原因歸因於一種特定類型的食物或食物成分，而不是一般的過度攝取和不活躍的生活方式，是不正確的。事實上，以常規方式（例如烘烤或擠壓）製備並按建議量食用的含有全穀物的食物可顯著降低二型糖尿病和心臟病的風險，並且獲得更有利的長期體重管理。**根據現有證據，我們得出結論，全麥的攝取與一般人群肥胖盛行率增加無關。」

哈利葉‧霍爾（Harriet Hall）醫生是《SkepDoc》網站的站長，致力於打擊偽科學。她在 2014 年 1 月 1 日發表文章〈食物神話：關於飲食和營養，科學知道（和不知道）什麼〉[14]，其中一段話是：「一位名叫威廉‧戴維斯的心臟科醫生發明了『小麥肚飲食法』的神話，他聲稱數十億人歷來依賴的傳統食物，包

括小麥、大米、玉米和馬鈴薯，都是不健康的，會導致大肚，並損害大腦。這只是另一種低碳水化合物飲食，忽視了大量的科學證據，做出錯誤的聯想，並將真理的穀粒（雙關語）誇大成妄想山。」

《CBC News》在 2015 年 2 月 27 日發表文章〈批評者稱《小麥完全真相》的論點是基於不可靠的科學〉[15]。這篇文章在結尾處引用加拿大的家醫科醫生兼飲食專家約尼・弗里德霍夫（Yoni Freedhoff）的說法：「《小麥完全真相》宣傳的飲食與其他無碳水化合物飲食類似，……區別在於戴維斯，而不是任何奇蹟療法。……他讓我想起福音派傳教士。你『痊癒』了，然後你就走了。我想……這就是人們想聽到的。我們想要相信魔法。」

我常引用的加拿大麥基爾大學（McGill University）的「科學和社會辦公室」網站，在 2017 年 3 月 20 日發表文章〈小麥肚讓我腹痛〉[16]，其中一段話是：「戴維斯在《小麥完全真相》中說，不吃小麥就可以減肥。這種單一的飲食成分會導致如此多的問題嗎？當然不會。但如果你有科學頭腦，那麼讀這本書是值得的，只是為了看看戴維斯如何巧妙地將精心挑選的數據、煽動性誇張、誤用的科學、不相關的參考資料和偽裝成事實的觀點融合成包治百病的良方。此類『科學』是荒謬的。」

是的，《小麥完全真相》的作者就像個福音派傳教士，而那

本書的真相就是：此類「科學」是荒謬的。

林教授的科學健康指南

1. 食用含有小麥胚芽凝集素（WGA）的食物會導致肌少症或對身體有害的說法並沒有科學根據，正好相反，食用含有 WGA 的食物，如穀物和全穀物產品，已被證明可以顯著降低二型糖尿病、心血管疾病、某些類型癌症的風險，並可以改善長期體重管理

2. 《小麥完全真相》不實聲稱數十億人歷來依賴的傳統食物，包括小麥、大米、玉米和馬鈴薯，都是不健康的，會導致大肚，並損害大腦。這本書忽視了大量的科學證據，做出錯誤的聯想

3-6

偽科學經典：《植物的逆襲》

＃凝集素、血凝素、植物悖論、穀類、豆類、生食

　　在我發表文章說明「小麥胚芽凝集素會造成肌少症沒有科學根據」後不久，有兩位讀者來回應，指出此一荒謬聲稱是源自一本書。讀者 Huang 說：「之前剛接觸到凝集素的相關資訊，也是有些緊張，因為自己每天都會吃燕麥和小麥胚芽等全穀類，不過搜尋不少中文文章後，內容其實都大同小異，而且似乎都來自《植物的逆襲》這本書，而這本書的內容也有不少爭議。」讀者 HSU 說：「小麥胚芽凝集素這類的訊息，有時都是來自同一文章。有些醫師和營養師並沒有去研究實驗，只是轉述並加油添醋……」

影響深遠的偽科學經典

　　《植物的逆襲》原文書名直接譯成中文是「植物悖論：導

致疾病和體重增加的『健康』食物中隱藏的危險」（The Plant Paradox: The Hidden Dangers in "Healthy" Foods That Cause Disease and Weight Gain），作者是史提芬・岡德里（Steven Gundry）。我用作者的名字及 plant 或 food 到公共醫學圖書館 PubMed 搜索，找不到任何紀錄。也就是說，這位自稱有數十年食物與健康研究經驗的人從未發表過任何有關食物與健康的論文。

《新科學家》（New Scientist）雜誌在 2017 年 7 月 27 日刊登一篇文章〈無凝集素是應當被嚴厲批判的新飲食時尚〉[1]，作者是著名美食作家兼廚師安東尼・華納（Anthony Warner），他說：「岡德里的理論沒有得到主流營養科學的支持，而高凝集素飲食有益健康的壓倒性證據使得岡德里的論點變得可笑。」

《紅筆評論》（Red Pen Reviews）是一個專門評論與營養相關書籍的網站，它給《植物的逆襲》這本書的評分[2]是：整體 49%，科學正確性 26%，參考資料正確性 63%，健康性 58%，以及「非常難應用這本書的建議」。

一個專門揭發偽科學及庸醫的網站《多疑的心臟科醫生》（The Skeptical Cardiologist），在 2018 年 7 月 14 日發表文章〈為什麼你應當不理會史提芬・岡德里的植物悖論〉[3]。網站站長安東尼・皮爾森（Anthony Pearson，心臟科醫生）說：「我會注意到史提芬・岡德里，是因為很多人相信他的偽科學以及毫無用

處的補充劑。事實上，直到 2004 年岡德里還是一位備受尊敬的心臟外科醫生，但從那時起，他一直在他的網站上銷售飲食書籍和補充劑。……這種讓幼稚的人相信只有你知道導致各種疾病的『隱藏』因素，是偽科學世界的標準技倆。」

另一個專門揭發偽科學及庸醫的網站《基於證據的醫學》，在 2022 年 10 月 25 日發表文章〈植物悖論：史提芬・岡德里對凝集素的戰爭〉[4]，它的副標題是「史提芬・岡德里在他的《植物的逆襲》一書中所說的大部分內容顯然是錯誤的。沒有基於科學的理由來避免凝集素」。作者哈利葉・霍爾（Harriet Hall）醫生說：「他在書中描述了許多患者通過限制凝集素飲食得到改善的病例報告，但他沒有進行與對照組的比較研究，因此他的『證據』只是軼事且毫無意義。他無權從不充分的證據和動物研究中推斷出關於所有人類應該吃什麼和不應該吃什麼的一般性建議。他顯然不是可靠的醫療信息來源，也不值得信任。他在沒有證據的情況下聲稱『每個患有疾病的人都有腸漏症』。腸漏症並不是公認的醫學診斷；許多醫生否認它的存在。他還出售自己的補充劑系列。他的書也是一本烹飪書，其中包含許多食譜，有一些聽起來非常倒胃口。讓我感到震驚的是，一位醫生在提供參考資料方面是如此無能，對證據的構成和科學的基本原理（例如是否需要對照組）是如此無知。」

　　史提芬・岡德里除了在飲食、營養學領域胡言亂語之外，也在新冠疫情期間散布關於疫苗的偽科學，請看我發表的文章〈新冠疫苗是謀殺，醫學證明？〉[5]。台灣會有醫師、營養師推崇這麼一位臭名昭著的偽科學人物的著作，幫他散播荒謬的飲食論調，實在是台灣之悲。

凝集素有害論的真相

　　上一段文章發表後，讀者 Samson Shu Lun Tang 在我的網站留言回應：「我也對植物不宜飲食的說法很懷疑，但也想認識凝集素多一點，以堅定對這本書的不可信的理念。所以，希望閣下說多點凝集素相關資訊。謝謝你。」

　　《植物的逆襲》這本書是基於「凝集素有害論」，而很多人（包括很多醫生）都陷入此一迷思。我發表過兩篇有關凝集素的文章，第一篇收錄在《餐桌上的偽科學》90 頁：「事實上，在美國，幾乎沒有什麼蔬菜是不能生吃的，只有一樣例外，那就是豆類。生的豆類含有高量的紅血球凝集素，而此毒素是有致命性的。還好，我們只需要用蒸或水煮十分鐘，就可以將豆類中的紅血球凝集素減少兩百倍。但是，用慢鍋煮是沒有用的，因為攝氏八十度以下的溫度無法破壞紅血球凝集素。」第二篇

收錄在《偽科學檢驗站》70頁，這篇文章是在評論王輝明醫師所聲稱的「香菇柄會導致中風」。他說因為香菇柄含有「蛋白質凝集毒素」，所以會導致中風。但是，醫學文獻裡並沒有「蛋白質凝集毒素」這個詞，所以它顯然是「紅血球凝集素」的誤稱。我也指出沒有任何科學證據顯示香菇柄含有「紅血球凝集素」，更不用說什麼它會導致中風。

有關凝集素的科普資訊，最詳盡和最中肯的是哈佛大學的一篇文章[6]。我把全篇翻譯如下：

凝集素或血凝素是一種「抗營養素」。它們存在於所有植物中，但生豆類（黃豆、扁豆、豌豆、大豆、花生）和小麥等全穀物中的凝集素含量最高。由於流行媒體和時尚飲食書籍將凝集素列為肥胖、慢性發炎和自體免疫疾病的主要原因，因此它們受到了廣泛關注。但這些說法背後的真相是什麼？

凝集素被定義為與碳水化合物結合的蛋白質。凝集素在自然界中用來保護植物的相同功能可能會在人類消化過程中造成問題。它們能夠抵抗腸道中的分解，並且在酸性環境中保持穩定，這些特性可以保護自然界中含有凝集素的植物。

被攝入後，凝集素可以導致紅血球聚集在一起，還會引起噁心、嘔吐、胃部不適和腹瀉。較輕微的副作用包括腹脹和脹

氣。

　　動物和細胞研究發現，活性凝集素會干擾礦物質的吸收，尤其是鈣、鐵、磷和鋅。豆類和穀物通常含有這些礦物質，因此凝集素的同時存在可能會阻止這些礦物質在體內的吸收和利用。凝集素也可以與消化道內壁的細胞結合。這可能會破壞營養物質的分解和吸收，並影響腸道菌叢的生長和作用。由於凝集素能長時間與細胞結合，因此它們可能會引起自體免疫反應，並且理論上在類風濕性關節炎和一型糖尿病等發炎性疾病中發揮作用。

　　這些理論觸動了有利可圖的反凝集素運動，催生了防止體內凝集素活動的暢銷書和酵素補充劑。然而，關於人類飲食中活性凝集素的攝取量及其長期健康影響的研究非常有限。包括凝集素在內的抗營養素最常在發展中國家的飲食中進行研究，這些國家普遍存在營養不良，或者食物種類非常有限，全穀物和豆類是重要的日常主食。

　　重要的是要記住，我們很少吃含有大量活性凝集素的食物。原因之一是凝集素在生的狀態下最有效，而含有它們的食物通常不生吃。**烹飪，尤其是使用煮沸或燉等濕高溫方法，或在水中浸泡幾個小時，可以使大多數凝集素失去活性。凝集素是水溶性的，通常存在於食物的外表面，因此與水接觸後會被**

去除。一個例子是乾燥的豆子。為了準備食用，將它們浸泡幾個小時，然後再煮幾個小時以使豆子軟化，從而使凝集素失去作用。罐裝豆子是在液體中煮熟和包裝的，因此它們的凝集素含量也很低。然而，在低熱下煮生豆（例如在慢燉鍋中）或未煮熟的豆子不會去除所有凝集素。

我們的身體在消化過程中會產生酶，降解一些凝集素。其他使這些化合物失去活性的過程包括使穀物和豆類發芽，以及機械性地去除含有最多凝集素的豆類和小麥粒的外殼。

不同食物含有不同種類的凝集素，人們對它們的反應也有很大差異。具有潛在消化敏感性（例如腸躁症）的人可能更有可能因食用凝集素和其他抗營養物質而出現負面症狀。由於報告的凝集素敏感性症狀可透過身體不適來識別，因此合理的解決方案可能是少吃或少吃引起消化問題的食物。

凝集素可以作為抗氧化劑，保護細胞免受自由基造成的傷害。它們還會減緩碳水化合物的消化和吸收，這可能會防止血糖急劇上升和胰島素水平升高。早期研究也著眼於使用無毒的少量某些凝集素來幫助刺激無法長時間進食的患者的腸道細胞生長，以及由於凝集素能夠導致癌細胞死亡而用於抗癌治療。

在許多大規模人口研究中，豆類、全穀物和堅果等含凝集素的食物與心血管疾病、體重減輕和二型糖尿病的發生率較低

有關。這些食物富含 B 群維生素、蛋白質、纖維、礦物質以及
健康脂肪。因此,食用這些食物的健康益處遠遠超過這些食物
中凝集素的潛在危害。

 ## 林教授的科學健康指南

1. 《植物的逆襲》作者史提芬·岡德里雖然是一位醫生,但他提倡
   凝集素和蔬食有害的偽科學,已被醫學界廣泛批評。除了在飲
   食、營養學領域胡言亂語,他也在新冠疫情期間散布關於疫苗的
   偽科學

2. 凝集素或血凝素是一種「抗營養素」。它們存在於所有植物中,
   但生豆類(黃豆、扁豆、豌豆、大豆、花生)和小麥等全穀物中
   的凝集素含量最高。只要用蒸或水煮十分鐘,就可以將豆類中的
   紅血球凝集素減少兩百倍

3. 在許多大規模人口研究中,豆類、全穀物和堅果等含凝集素的食
   物與心血管疾病、體重減輕和二型糖尿病的發生率較低有關。這
   些食物富含 B 群維生素、蛋白質、纖維、礦物質以及健康脂肪。
   因此,食用這些食物的健康益處遠遠超過這些食物中凝集素的潛
   在危害

咖啡謠言說分明（上）：升血糖、傷腎

＃澱粉、糖尿病、咖啡豆、咖啡因

咖啡豆是豆類？黑咖啡含澱粉會升血糖？

讀者 Mr. Chang 在 2023 年 7 月 6 日來信詢問：「請問林教授，很多資料顯示喝黑咖啡可以穩定血糖（但又有人說糖尿病者除外），今天看到亞東醫院某位醫生說『咖啡豆有澱粉，喝多了血糖會上升』。對血糖偏高者真不知道是否能喝咖啡？敬請林教授若有空能撥冗指教，謝謝！」

這位讀者寄來的文章是 2018 年 6 月發表在《亞東院訊》第 223 期的〈血糖控制不好常見的原因〉[1]，作者是一位新陳代謝科醫師。此文第一段和第三段是：「誤以為自己的飲食認知正確（不知甜不是重點，碳水化合物或澱粉才是），不少人會以為糖尿病是吃過甜而引起的，故以為糖尿病患者的建議飲食就是要『吃清淡／不吃甜的』，忽略了『不甜的澱粉造成的血糖上升，不輸甜食』。黑咖啡即使不加糖，但由於豆類（咖啡豆）亦是澱

粉類，故仍能造成血糖上升。不信？那您可在喝咖啡前和喝咖啡後一小時測血糖，比較看看會不會上升。」

這篇文章的立意是良好的，但可惜卻出了一個小問題，犯了兩個大錯誤。小問題是「碳水化合物或澱粉」會讓人誤以為澱粉不是碳水化合物。兩個大錯誤是把咖啡豆說成是豆類，以及把喝咖啡當成是吃咖啡豆（把咖啡豆的成分當成是黑咖啡的成分）。

此豆非彼豆：咖啡豆絕非豆類

根據《農業知識入口網》的文章〈阿拉比卡咖啡〉[2]，咖啡樹是「茜草科」（Rubiaceae）植物，其果實有一層薄薄的果肉（可食）。把果皮和果肉去除後，剩下的種子就是生咖啡豆，再把生咖啡豆乾燥和烘焙之後就成為俗稱的咖啡豆。咖啡果的英文俗稱是咖啡漿果（coffee berry）或咖啡櫻桃（coffee cherry），意味著咖啡果是類似漿果，但它的種子卻被說成咖啡豆（coffee bean）。對咖啡有興趣的讀者，不妨參考這篇好文〈你知道咖啡豆是什麼嗎？長怎樣？果實可以吃嗎？〉[3]。

豆類是豆科（Fabaceae）植物，在分類學上和咖啡樹相去甚遠。所以，把咖啡豆說成是豆類，就好比是錯把王菲當張飛。

不管是王菲還是張飛，咖啡豆的確是含有大量的碳水化合物，請看 2021 年發表的論文〈咖啡化學成分與生物功能的關係〉[4]。此文說：「咖啡豆的化學成分相當複雜，其中碳水化合物占大部分成分。咖啡豆含有多種碳水化合物，占生咖啡豆總重量的 60%。」

所以，如果你把咖啡豆咀嚼吃進肚子的話，肯定是會造成血糖上升。但問題是，有什麼人會把咖啡豆吃進肚子呢？一般來說，黑咖啡是用咖啡機沖泡出來的，而過程不外乎是先把烘焙過的咖啡豆磨成粉，再把咖啡粉用熱水浸泡（滴漏式），然後通過濾紙所得到的液體就是黑咖啡。這樣的液體會含有碳水化合物嗎？

美國農業部有發表一篇文章〈用自來水沖泡的咖啡飲料〉[5]，此文說黑咖啡含有 0 碳水化合物。星巴克也說他們的黑咖啡（Featured Dark Roast）含有 0 碳水化合物[6]。既然是 0 碳水化合物，黑咖啡怎麼可能會造成血糖上升？（補充：有些黑咖啡是含有少量的碳水化合物。）

黑咖啡的確是有可能會造成血糖上升，但原因是咖啡因，而非碳水化合物（更不是澱粉）。事實上，的確有不少研究探討過咖啡或咖啡因對血糖的影響，但為了節省篇幅，我就只請讀者看看以下四篇文章。

　　一、梅約診所發表的文章〈咖啡因：它會影響血糖嗎？〉[7]。美國成年人平均每天喝兩杯 8 盎司（240 毫升）咖啡，其中含有約 280 毫克咖啡因。對於大多數年輕、健康的成年人來說，咖啡因似乎不會明顯影響血糖水平，每天攝入 400 毫克咖啡因似乎是安全的。**一些研究表明，喝咖啡（無論是含咖啡因還是不含咖啡因）實際上可能會降低患二型糖尿病的風險。然而，如果您已經患有糖尿病，咖啡因對胰島素作用的影響可能與血糖水平升高或降低有關。**對於一些糖尿病患者來說，大約 200 毫克咖啡因，或相當於一到兩杯 8 盎司（240 毫升）的黑咖啡，可能會導致這種效果。咖啡因對每個人的影響不同。如果您患有糖尿病或正在努力控制血糖水平，限制飲食中咖啡因的含量可能會有所幫助。

　　二、2004 年論文〈飲用咖啡對空腹血糖和胰島素濃度的影響：健康志願者的隨機對照試驗〉[8]。結論：與不喝咖啡相比，連續四週大量攝入咖啡會增加空腹胰島素濃度。飲用較淡的咖啡和攝入咖啡因與較高的空腹胰島素濃度沒有顯著相關。沒有觀察到咖啡或咖啡因對空腹血糖濃度的實質性影響。

　　三、2019 年論文〈咖啡攝入對葡萄糖代謝的影響：臨床試驗的系統評價〉[9]。結論：飲用含咖啡因的咖啡可能會導致不利的急性影響；然而，長期隨訪發現葡萄糖代謝有所改善。

四、2023 年論文〈喝咖啡對自由行動成年人健康的急性影響〉[10]。結論之一：喝含咖啡因的咖啡沒有造成對血糖的急性影響。

總之，黑咖啡也許是會對少數人造成急性的血糖上升，但這是由於咖啡因的作用，而不是由於碳水化合物，更不是由於澱粉。更重要的是，請一定要牢牢記住，此豆非彼豆——咖啡豆絕非豆類。

咖啡傷腎？分析約翰霍普金斯大學的研究

讀者翁先生在 2023 年 10 月 7 日詢問：「林教授平安。一直是您的忠實讀者，對您的大著很尊崇。我算是咖啡的重度愛好者，每天一定要喝咖啡。有看到 2023 年的一篇報導研究節錄如下：『美國約翰霍普金斯大學的研究團隊蒐集了兩個大型研究、共 4,854 個受試者資料，兩個研究中都有超過 50% 的人每天喝咖啡、超過 30% 每天喝超過兩杯咖啡，結果從中發現二十種重疊的代謝物。團隊進一步分析，從中找出三種與腎功能有關的代謝物，其中有兩者對腎臟有害……』但有的醫學相關研究及名醫的觀點是咖啡對腎臟有益。兩者的說法完全不同，讓人無所適從。是否有比較正確可靠的實證醫學研究咖啡對腎臟的影響？謝謝林教授。」

　　我用「咖啡（coffee）＋腎臟（kidney）＋霍普金斯（Hopkins）」
這三個關鍵字在谷歌搜索，搜到的第一條資訊竟然是咖啡對腎
臟有益的文章。請看約翰霍普金斯大學在 2022 年 6 月 2 日發表
的文章〈研究發現，喝咖啡可以降低急性腎損傷的風險〉[11]。此
文的第一段和第二段是：「如果您需要另一個理由來喝一杯咖啡
開始新的一天，約翰霍普金斯大學醫學研究人員最近的一項研
究表明，與不喝咖啡的人相比，每天至少喝一杯咖啡可以降低
急性腎損傷的風險。5 月 5 日發表在《國際腎臟報告》（Kidney
International Reports）期刊的研究結果表明，每天喝任意數量咖
啡的人，急性腎損傷風險降低 15%，其中每天喝兩到三杯咖啡的
人群中觀察到的風險降低幅度最大（降低 22% 至 23%）。」

　　這段文字裡所提到的研究是〈喝咖啡可以降低急性腎損傷
的風險：社區動脈粥狀硬化風險研究的結果〉[12]，此論文的結論
是：「較高的咖啡攝取量與較低的急性腎損傷風險相關，並且可
以提供透過飲食保護心腎的機會。有必要進一步評估咖啡對心
腎保護作用的生理機制。」

　　由於谷歌搜索不到讀者所說的那個研究，所以我就用同樣
三個關鍵字在 PubMed 做搜索，總算搜到 2021 年發表的論文
〈與咖啡消費和慢性腎臟病發病相關的代謝物〉[13]。這篇論文的
確就是讀者翁先生所說的約翰霍普金斯大學的研究。事實上，

這篇論文跟上一篇論文是出自同一研究團隊（作者順序不一樣）。也就是說，同一團隊在 2021 年和 2022 年分別發表兩篇結論看似相反的論文。更讓我吃驚的是，2022 年那篇論文竟然完全沒有提起 2021 年那篇論文。

目前資料：喝咖啡對腎臟有益的趨勢較明顯

不管如何，2021 年那篇論文的結論重點是「有兩個咖啡的代謝物可能對腎臟有害」，但並沒有說喝咖啡會對腎臟有害。反過來說，2022 年那篇論文則直截了當地說「較高的咖啡攝取量與較低的急性腎損傷風險相關」。所以，就「喝咖啡對腎臟健康的相關性」而言，2021 年那篇是間接的，而 2022 年那篇才是直接的。我接下來就乾脆瀏覽了近三年來所有有關「咖啡和腎臟」的論文，看到以下三篇比較有意思的。

2021 年論文〈咖啡和咖啡因攝取量與腎功能之間的關聯：來自個體層級資料、孟德爾隨機化和統合分析的見解〉[14]。結論：我們發現咖啡攝取量與腎功能或慢性腎臟病風險之間沒有顯著關聯。

2023 年論文〈CYP1A2 基因變異、咖啡攝取量和腎功能障礙〉[15]。這篇論文先介紹說，咖啡因是通過細胞色素 P450 1A2（CYP1A2）來解毒，所以 CYP1A2 的遺傳變異可能會影響咖

啡因的清除率，從而可能改變咖啡攝取量與腎臟疾病之間的關係。通過對 1,180 人的調查，這篇論文的結論是，僅在咖啡因代謝緩慢的人群中（rs762551 AC 和 CC 基因型），攝取含咖啡因的咖啡與白蛋白尿、高濾過和高血壓的風險增加有關，這表明咖啡因可能在易感人群患腎臟疾病的過程中發揮了作用。

2022 年論文〈習慣性咖啡消費與腎功能的關聯：鹿特丹研究的前瞻性分析〉[16]。結論：我們觀察到咖啡與七十歲以上和肥胖參與者延遲腎功能衰退的有益關聯。在二型糖尿病患者中也觀察到了類似的趨勢，在戒菸者中也觀察到了類似的趨勢。

總之，就我所看過的論文，包括上面這五篇，目前沒有確切的證據顯示喝咖啡對腎臟有益或有害，但有益的趨勢較明顯。

 林教授的科學健康指南

1. 咖啡樹是「茜草科」植物，咖啡樹的果實有一層薄薄的果肉（可食）。把果皮和果肉去除後，剩下的種子就是生咖啡豆

2. 黑咖啡也許是會對少數人造成急性的血糖上升，但這是由於咖啡因的作用，而不是由於碳水化合物，更不是由於澱粉

3. 目前沒有確切的證據顯示喝咖啡對腎臟有益或有害，但有益的趨勢較明顯

3-8

咖啡謠言說分明（下）：高血壓、胰臟癌

＃心血管疾病、中醫、胃酸、酸性食物

高血壓喝咖啡，風險增兩倍？

讀者 Arthur 在 2024 年 2 月 22 日詢問：「教授您好，看您的文章表示咖啡大致上是安全的。這篇報導顯示即使『輕度』高血壓者『適度』喝咖啡也會增加心血管疾病兩倍，不知主流研究是否持相同看法？非常謝謝教授，平安！」

他提供的連結是一篇當天發表在《常春月刊》的文章〈注意！有高血壓喝咖啡，一疾病罹患風險恐增加兩倍〉[1]。此文的第二段是：「這幾年來，因為咖啡的抗氧化作用，幾乎已經讓咖啡和健康飲食畫上等號，但在近期舉行的『歐洲神經精神藥理學醫學會學術研討會』中，義大利發表的研究指出，有高血壓的人還是不要喝咖啡比較好，因為即使是輕度的高血壓患者，只要大量喝咖啡，就會使心血管疾病風險增加四倍。」

這段文字裡有許多疑點：一、為什麼說是「近期」而不是

確切的日期呢？二、為什麼不說出研討會的英文名稱呢？三、為什麼說是「風險增加四倍」而不是標題所顯示的「風險增加兩倍」呢？再加上文章標題的怪異（一疾病罹患風險？），不禁讓我懷疑《常春月刊》這篇文章是不是瞎編出來的。我之前也曾發表過多篇文章，指出《常春月刊》並不靠譜。

過去的研究幾乎一致認為咖啡可以降血壓

不管如何，縱然真的是有這樣的研究，那也只不過是在研討會發表的，而不是正式發表的，所以它的可信度頂多就是50%。

事實上，過去的研究幾乎是一致認為咖啡可以降血壓（可信度 > 90%）。例如 2023 年 12 月發表，出自台灣的臨床研究論文〈CHIEF 隊列研究的結果顯示，台灣軍隊每日適量或更多的咖啡攝取量與較低的代謝症候群發生率相關〉[2]。2023 年 7 月發表，出自韓國的一篇臨床研究論文〈韓國成年人的咖啡攝取量和高血壓：韓國國家健康與營養調查（KNHANES）2012 － 2016 年結果〉[3] 也說咖啡可以降血壓。2023 年夏天發表，出自美國的一篇回顧論文〈咖啡消費對心血管健康的影響〉[4] 同樣說咖啡可以降血壓。2023 年 3 月發表，出自德國的一篇橫斷面族

群分析論文〈一般人群的咖啡攝取量與血壓、低密度脂蛋白膽固醇和超音波心動圖測量的關係〉[5] 也說咖啡可以降血壓。

2023 年 6 月發表，出自伊朗、加拿大、英國的一篇統合分析論文〈成人咖啡攝取量與高血壓風險：系統性回顧與統合分析〉[6] 也說咖啡可以降血壓。請注意，這篇論文是統合分析了所有有關「成人咖啡攝取量與高血壓風險」的論文，所以它的結論的可信度是遠遠高過於發表在「研討會、未經評審、單一」的研究結論。

當然，我知道這幾篇論文的結論也許並不適用於《常春月刊》那篇文章所指定的「高血壓患者」，所以我們現在就來看三篇針對高血壓患者的研究。

一、2022 年論文〈高血壓患者每日咖啡攝取量與血管功能的關係〉[7]。結論：每日適當攝取咖啡可能對高血壓患者的內皮功能和血管平滑肌功能產生有益影響。

二、2022 年論文〈高血壓和非高血壓人群的咖啡和綠茶消費與心血管疾病死亡率〉[8]。結論：大量飲用咖啡與重度高血壓患者心血管疾病死亡風險增加有關，但與無高血壓和第一級高血壓患者無關。相較之下，在所有類型的血壓患者中，飲用綠茶與心血管疾病死亡風險增加無關。

三、2024 年論文〈咖啡對接受抗高血壓藥物治療的高血壓

患者血壓和內皮功能的急性影響：隨機交叉試驗〉[9]。結論：與不含咖啡因的咖啡和水相比，含咖啡因的咖啡既不會促進血壓急劇升高，也不會對服用咖啡的高血壓患者的內皮功能產生改善或有害影響。

從這三篇論文就可以看出，《常春月刊》那篇文章所說的「即使是輕度的高血壓患者，只要大量喝咖啡，就會使心血管疾病風險增加四倍」，是很難站得住腳的。

喝咖啡一定會得胰臟癌？知名中醫的荒唐言論

讀者翁先生在 2023 年 4 月 9 日詢問：「林教授您好。非常欽佩您為眾多讀者解惑各種似是而非的保健知識，深刻瞭解到什麼是真實的科學根據。我也購買您三本有關偽科學的大著，讓家人知道正確的科學保健知識。我一直有每天早上喝一杯黑咖啡的習慣，而且都是空腹，然後就出外去運動，已經三、四年了，感覺很好，也無任何不適。但最近在網路上看到中國的一個影片，一位名中醫說喝咖啡一定會得到胰臟癌，真的很嚇人。但網路上也有日本及國內的研究喝咖啡可以降低胰臟癌及其他癌症，資訊很混亂。想請教林教授是否有相關的科學研究？謝謝。」

這位讀者沒有提供影片連結，所以我就用「咖啡」和「胰

臟癌」做搜索，找到一篇文章〈喝咖啡過量小心胰臟癌〉[10]，有倪海廈中醫師在 2004 年寫的評論：「我不知道已經說過千百遍，喝咖啡一定會導致胰臟癌，諸位讀者可以參看我以前的論文。因為咖啡是酸性飲料，不單是會引起胰臟癌也會引起胃癌及淋巴癌。這時只有中醫可以治療。我相信病人會死於胰臟癌的很少，死於西醫的化療及放射線治療的很多。讀者請安心，只要找到優秀的中醫必然可以治療的。以上的這位得到胰臟癌的女子，可以準備後事了，因為她接受西醫治療，最多半年可活。我不知道台灣有何中醫可以治好胰臟癌的，但是只要是非常熟練於運用傷寒論及金匱的中醫師，要治療此病絕非難事，可能有的。還有台灣西醫到現在仍然不確定因何會得到胰臟癌，還要引用外國的研究，實在可憐。我們第一線的臨床醫師不但早已治好此病，而且早已確定是由於喝過多咖啡造成的，因為咖啡為強酸性飲料。而且不只是咖啡，還有市面上販賣的甜點，都是發生胰臟癌的危險因素。因為它們都是使用人工糖去製造的，而人工糖就是酸性的。吃多了，不但會胃酸過多，引發胃癌及淋巴癌，而且就是胰臟癌的主要來源。」

首先，上面這段文字兩次提到酸性飲料或食物會導致癌症，但創造這個說法的人在 2018 年因為無照行醫被判入獄，也被判罰一億美金。（請複習《餐桌上的偽科學》264 頁）

　　維基百科有記載倪海廈的生平[11]，而有關死因的部分是「2012 年 1 月 29 日夜晚在台北家中昏迷，送臺北醫學大學附屬醫院急救，2012 年 1 月 31 日於臺北醫學大學醫院病逝，診斷是心肺衰竭（註：享年 58 歲）」。一個畢生痛恨西醫的人，臨終前卻被送到西醫做急救，想必是一大憾事。維基百科也有列舉他的一些爭議言論，包括咖啡為強酸並造成胃癌、血癌是吃西藥造成且四週完治血癌、子宮頸癌成因是因為月經積在子宮頸所造成、帕金森氏症由西藥所引起、糖尿病足的成因是因為西藥讓血糖沉在腳底。

　　我也搜尋到《新唐人電視台》在 2012 年 11 月 21 日上傳的影片〈名醫故事（二）李時珍／喝咖啡會導致胰臟癌嗎？〉[12]，而這位所謂的名醫是胡乃文中醫師。有關胰臟癌的討論是從影片的 22 分 29 秒開始。主持人提問：「在您看來，這個胰臟要預防它病變，我們要注意些什麼呢？」胡乃文回答：「胰臟依據統計，大部分是抽菸、吃咖啡之類造成的，尤其是咖啡。我曾經有一位學生，他是一位外國人。……他的教母就是胰臟癌。他當時問我怎麼辦。我說，她是喝咖啡造成的。結果他說，我的教母她根本就是每天都吃咖啡，把咖啡當作早餐、中餐、晚餐吃，所以她得胰臟癌。」

　　就影片點擊和粉絲數量而言，胡乃文的確是位「名醫」；但

是就我所看過他的影片內容，例如「刷牙也能使白髮變黑」，我只能說，他的醫學論述實在是讓我哭笑不得，感慨萬千。

喝咖啡與胰臟癌的關聯性研究

看完兩位「知名中醫」的言論，我們現在來看看十二篇有關咖啡與胰臟癌關聯性的薈萃分析論文。

一、2011 年論文〈咖啡、脫咖啡因咖啡、茶和胰臟癌風險：兩項義大利病例對照研究的匯總分析〉[13]。結論：咖啡與胰臟癌之間缺乏因果關係，與劑量和持續時間之間缺乏相關性，這與該問題的大多數證據一致。

二、2011 年論文〈喝咖啡與胰腺癌風險：隊列研究的薈萃分析〉[14]。結論：這項薈萃分析的結果表明，喝咖啡與胰臟癌風險之間存在反比關係。

三、2012 年論文〈咖啡消費與胰臟癌的薈萃分析〉[15]。結論：這項薈萃分析提供了定量證據，顯示咖啡攝入量與胰臟癌風險沒有明顯相關性，即使攝入量很高。

四、2012 年論文〈咖啡、茶和含糖碳酸軟飲料的攝入量與胰臟癌風險：十四項隊列研究的匯總分析〉[16]。結論：總體而言，未觀察到成年期咖啡或茶的攝入量與胰臟癌風險之間存在關聯。

五、2013 年論文〈咖啡攝入量與胃癌和胰臟癌的風險——一項前瞻性隊列研究〉[17]。結論：我們沒有發現咖啡消費與胃癌和／或胰臟癌風險之間存在顯著關聯。

六、2013 年論文〈攝入咖啡、脫咖啡因咖啡或茶不會影響患胰臟癌的風險：歐洲營養與癌症前瞻性研究的結果〉[18]。結論：根據對歐洲營養與癌症隊列前瞻性調查數據的分析，咖啡總量、脫咖啡因咖啡和茶的攝入量與胰臟癌的風險無關。

七、2015 年論文〈咖啡攝入量與胰臟癌的前瞻性研究：來自 NIH-AARP 飲食與健康研究的結果〉[19]。結論：在一項迄今為止胰臟癌病例數最多的咖啡攝入量前瞻性研究中，我們沒有觀察到總咖啡因、含咖啡因或脫咖啡因咖啡攝入量與胰臟癌之間的關聯。

八、2016 年論文〈咖啡攝入量與胰臟癌風險：前瞻性研究的最新薈萃分析〉[20]。結論：劑量反應分析表明，咖啡攝入量每增加一杯，胰臟癌風險增加 1%。不存在統計學上顯著的發表偏倚。喝咖啡可能會微弱地增加患胰臟癌的風險。

九、2016 年論文〈咖啡消費與胰臟癌風險：隊列研究的最新薈萃分析〉[21]。結論：大量飲用咖啡與胰臟癌風險降低有關。然而，應謹慎接受結果，因為不能排除潛在的混雜因素和偏差。需要進一步精心設計的研究來證實這一發現。

　　十、2019 年論文〈咖啡攝入量與胰臟癌風險：一項系統評價和劑量反應薈萃分析〉[22]。結論：咖啡消費被確定為與胰臟癌風險增加有關，並且呈劑量反應關係。然而，需要進一步的機理研究來澄清有關問題。

　　十一、2019 年論文〈英國前瞻性百萬女性研究中從不吸菸者的咖啡和胰臟癌風險〉[23]。結論：對此一隊列和三項較小的前瞻性研究的結果進行的薈萃分析發現，對於從不吸菸的人來說，喝咖啡與胰臟癌風險之間幾乎沒有或沒有統計學上的顯著關聯。

　　十二、2020 年論文〈咖啡消費與胰臟癌風險：基於人群的隊列研究的元流行病學研究〉[24]。結論：咖啡消費習慣與胰臟癌風險之間沒有關聯。咖啡攝入量與胰臟癌風險之間的劑量反應關係無統計學意義。

 林教授的科學健康指南

1. 過去的研究幾乎是一致認為咖啡可以降血壓（可信度 > 90%）

2. 中醫師倪海廈的爭議言論眾多，都是沒有科學根據的危言聳聽，包括咖啡為強酸並造成胃癌、血癌是吃西藥造成且四週完治血癌、子宮頸癌成因是因為月經積在子宮頸所造成、帕金森氏症由西藥所引起、糖尿病足的成因是因為西藥讓血糖沉在腳底

Part 4
保健食品與膳食補充劑的真相

關於維他命和其他膳食補充劑，已經有無數的科學報告顯示：來自食物的是有益的，來自補充劑不僅是無益且可能有害。我至今發表了兩百多篇有關維他命的文章，唯一的目的就是期盼讀者能真正瞭解：99% 的人不需要吃維他命補充劑。這個章節就是收錄從 2021 年到 2024 年的最新報告和分析。

紅麴保健食品的疑慮與致命事件

＃莫納可林 K（monacolin K）、橘黴素、小林製藥、腎衰竭

紅麴成分中的 monacolin K 會傷身，美國零容忍？

讀者鄧先生在 2023 年 2 月 8 日詢問：「林教授您好，想請教有關紅麴成分中的 monacolin K。某保健大廠標榜『唯一不含 monacolin K、不傷身』，網站底下知名人士（前美國 FDA 官員）提及對此成分『美國 FDA 零容忍』。另一保健大廠網站宣稱『紅麴裡最重要關鍵的功效成分 monacolin K，往往是評估促進新陳代謝和循環力的指標』。請教教授，究竟何者所言可信？紅麴是否適合長期食用？感謝教授解惑。」

我打開讀者寄來的連結，的確看到該知名紅麴產品標榜「唯一不含 monacolin K、不傷身」，也看到房 ×× 博士（聲稱是前美國 FDA 官員）說「我強力推薦○○大紅麴，因為它不含美國零容忍的莫納可林 K」。但是，我卻看不到該網站或其他相關網站有針對這兩點做出解釋。直到我看到一篇美國國家衛生

研究院發表的文章〈紅麴米：你需要知道的〉[1]，才恍然大悟。我把重點翻譯如下：

紅麴米是透過在大米上發酵而製成的，而酵母通常是紅麴黴菌。根據使用的酵母菌株和發酵條件，紅麴米可能會含有莫納可林 K。莫納可林 K 在結構上與洛伐他汀（lovastatin）相同。與其他他汀類藥物一樣，洛伐他汀有助於減緩體內膽固醇的產生，從而減少可能積聚在動脈壁上並阻止血液流向心臟、大腦和身體其他部位的膽固醇量。

根據 FDA 的規定，增強或添加洛伐他汀的紅麴米產品不能作為膳食補充劑在美國銷售。這是因為 FDA 已經事先批准洛伐他汀作為一種新藥，所以才會不允許含有洛伐他汀的紅麴米作為食品或膳食補充劑來銷售。

含有大量莫納可林 K 的紅麴米產品可能具有與他汀類藥物相同的潛在副作用，包括肌肉、腎臟和肝臟損傷。它們還可能引起消化問題（如腹瀉、噁心和胃痛）和其他已報告的副作用。紅麴米產品也可能與他汀類藥物具有相同類型的藥物相互作用，因此可能會干擾某些藥物或增加產生副作用的機會。

一些紅麴米產品含有一種叫做橘黴素（citrinin）的汙染物，它有毒並且會損害腎臟。在 2021 年對三十七種紅麴米產品的分

析中，只有一種產品的橘黴素含量低於歐盟目前設定的最高水平。此外，四種被橘黴素汙染的產品被標記為「不含橘黴素」。

我早在 2016 年 7 月 12 日發表過相關文章，討論營養補充品的潛在危險，收錄在《餐桌上的偽科學》108 頁。有關橘黴素，其中一段話是：「紅麴米補充劑被認為對降低膽固醇『可能有效』。但在一項研究中，有三分之一的產品，被發現受到橘黴素腎臟毒素的汙染。哈佛醫學院助理教授彼得・科恩（Pieter Cohen）博士說：『只要飲食均衡，就不需要添加任何營養補充品。』[2]」

紅麴保健品導致腎衰竭、死亡？八年前就警告

《公視新聞網》在 2024 年 3 月 28 日刊登一篇報導〈高雄洗腎婦長期服用紅麴膠囊，用到小林原料食藥署將釐清關聯〉[3]，內文的第一段和最後一段提到：「高雄疑似出現小林紅麴相關產品的受害者，一名婦人去年（2023）診斷出急性腎衰竭後開始洗腎，一週洗腎三次；巧的是她為了降膽固醇，三、四年前開始服用大醫生技銷售的紅麴膠囊，家屬接到生技公司通知稱產品用到小林紅麴原料要下架，懷疑腎臟惡化恐跟小林紅麴原料有關。生技公司已通知日方，後續求償都會協助。不過食藥

署回應，民眾選購的膠囊不是小林紅麴產品而是原料，是否有關聯還要調查。只是台灣若只吃到原料不是藥物而無法藥害救濟，是否導致消費者申訴無門？對此，食藥署尚無回應。而在日本方面，小林製藥也宣布再新增二起死亡案例，累計到 28 日上午已有四人死亡、一百零六人住院治療，小林製藥為此召開股東大會，社長當場二度道歉。」

隔天，根據新聞報導，小林製藥宣布發現出問題的產品含有「軟毛青黴酸」（puberulic acid）。這個化學物非常罕見，更顯現保健品的危險是四面八方，無所不在。

從 2016 年到 2024 年，這八年來，我在自己的網站《科學的養生保健》發表了一千多篇文章，其中一大部分都是在查驗各種保健食品的功效，而這些文章的的結論都是：保健品非但無益反而有害。關於紅麴保健食品，我也曾在 2016 年和 2023 年寫文警告其危險性，而 2024 年 3 月爆發的小林製藥紅麴保健食品導致腎損傷的死亡事件，則印證了這些警告。

紅麴歷險記：天底下根本就不應存在保健食品

我發表上一段文章之後，有許多讀者前來網站留言討論，其中以長年讀者 Elliot 提供了最多寶貴的資訊。他在 2024 年 4

月9日留言：「日本國內正在激烈辯論的議題，功效宣稱的合理性與客觀性、市售機能性保健食品／健康食品是否與功效宣稱般加註警示標語。日本消保會調查報告裡提出市售健康食品上架前必須提出過剩攝取與長期攝取的日本人『人體臨床試驗』之安全性報告，作為健康食品標示宣稱法規的制度改善方案。……」接著他引述李龍騰醫師的說法：

　　我認為，天底下根本就不應存在保健食品或健康食品這類詞彙！顧名思義，食品就是食品，是為了供應人類每日所需各種蛋白質、脂肪、維生素等營養，吃它們是為了讓我們維持必要生理機能生存下去，絕對不是為了治療疾病。生病了就是應該看醫師，並遵循醫囑用藥，而不是猛吞各種利用人工合成、又添加了各種賦形劑（讓食物成為錠劑、膠囊等形狀）等各種額外成分的保健食品……

　　留言所提到的「日本國內正在激烈辯論的議題」，指的是一篇 2024 年 4 月 2 日刊登在《NutraIngredients-Asia》的報導〈紅麴歷險記：日本當局敦促所有 FFC 企業申報健康危害〉[4]。NutraIngredients 是一家專門報導和分析保健品的媒體，也就是說，它是保健品行業的夥伴。所以，由它來報導不利於保健品

行業的新聞，就更凸顯了這個行業對民眾健康的深切危害。

讀者 Elliot 引述李龍騰醫師的那段話，則來自 2024 年 4 月 8 日發表在《新新聞》的文章〈小林製藥紅麴案當頭棒喝！保健食品「越吃越補」迷思，小心燒錢又傷身〉[5]。這篇文章的摘要是：

紅麴製成的食品、保健食品被認為有助降低血脂與膽固醇，近年紅透半邊天。不料日本小林製藥生產的紅麴原料卻被驗出青黴菌類的「軟毛青黴酸」（puberulic acid），且疑似因此造成五人死亡、百餘人住院，其中多人因腎功能異常洗腎。由於相關原料也有輸台，且國內已有疑似個案通報，導致人心惶惶。更甚者，依法食品不得宣稱療效，但不少人誤信保健食品是藥性相對溫和的「藥」，以致有病不看醫師，或者用藥之外，又將保健食品作為多多益善的「食補」來源，這些錯誤迷思不知害死多少人。

是的，我們的政府，不管是台灣、日本或美國，都是在幫助、甚至鼓勵保健品業者從事「不知害死多少人」的勾當。那些慫恿民眾服用保健品、甚至親自販賣保健品的醫師，請捫心自問，醫德何在。

林教授的科學健康指南

1. 含有大量莫納可林 K 的紅麴米產品可能具有與他汀類藥物相同的潛在副作用，包括肌肉、腎臟和肝臟損傷；一些紅麴米產品含有一種叫做橘黴素（citrinin）的汙染物，它有毒並且會損害腎臟

2. 紅麴米補充劑被認為對降低膽固醇「可能有效」。但在一項研究中，有三分之一的產品，被發現受到橘黴素腎臟毒素的汙染

3. 只要飲食均衡，就不需要添加任何營養補充品

薑黃保健品的大規模騙局

#薑黃素、肝損傷、抗生素、阿育吠陀醫學、撤稿、薑黃素之王

吃薑黃打開身體自癒力？自編自導的鬧劇

　　讀者高凱廷在 2019 年 2 月 6 日寄來電郵：「非常感謝您分享的所有知識。最近媽媽迷上吃薑黃粉，因為她看了一本書。據我瞭解，食物本身不應具有療效，而且所有的營養必須相互結合。不過媽媽堅信薑黃是天然磨成粉，現在天天加牛奶喝。面對長輩過度信任食物療效導致偏食行為，又找不出佐證來勸導良性均衡飲食。 很謝謝您出了《餐桌上的偽科學》，每次看都有不同收穫。」

　　高先生提供的網頁連結是 2017 年出版的一本書，書名是《吃一口薑黃，打開身體自癒力》，原作是韓語，中文版的副標題是「天然的最佳抗生素，一天吃三次，韓國名醫已連吃八年，效果有如不必動的有氧」。光是看到「天然的最佳抗生素」及「效果有如不必動的有氧」，就知道這本書是大有問題。

　　眾所皆知，抗生素的作用是殺菌，那，薑黃有殺菌的功效嗎？至於「有氧運動」，眾所皆知那是對健康有益的。然而，把薑黃說成「效果有如不必動的有氧」，明明就是教人家不需要做運動，如此迎合懶人的賣書策略，實在不是一個有良心的醫者所應該採用的。

　　那麼，這位作者真的是如書籍介紹所說的「醫學博士」嗎？他的韓國本名是서재걸，中文名是徐載杰（Seo Jaegeol）。所以，我就用這三個名字反覆查證，發現他是位自然療師，不是醫生。他一輩子沒有發表過任何與薑黃相關的醫學論文，甚至於可能從沒有發表過任何醫學論文。他共出了八本書，其中一本叫做《徐載杰排毒汁》。有關「排毒」這一類自然療師慣用的騙錢把戲，我已經發表了十多篇文章予以駁斥。

　　現在，我們回頭看「天然的最佳抗生素」到底是怎麼回事。書籍介紹裡有這麼一段：「薑黃素就是植物裡的天然抗生素，人體吸收後能防止細胞受損，清除自由基，降三高、降血糖、加速新陳代謝，使皮膚恢復光澤彈性……好處不勝枚舉。」請問各位讀者（包括沒有醫學背景的），抗生素會有這些作用嗎？青黴素、紅黴素是用來殺菌，還是用來降三高？這位所謂的「醫學博士」，怎麼會無知（或糊塗）到把一些和抗生素毫不相干的作用張冠李戴？

　　書籍介紹裡還有這麼一段：「攝取薑黃素，增代謝、除發炎，有如懶人做有氧。好細胞三十天替換一次壞細胞：所以代謝很重要，代謝失調，是所有疾病的根源。健康食物很多，但為何優先選薑黃：因為只要攝取薑黃素，就算沒時間運動，也能達到有如做完有氧運動之效。」但是，我可以跟各位讀者保證，絕對沒有任何科學證據說，只要攝取薑黃素，就能達到有如做完有氧運動之效。

　　至於什麼抗癌、護心、防失智、減肥等等無奇不有的功效，我也可以肯定地說，頂多也就只是一些初步、未經證實的資料而已。總之，這就是一本為了騙錢而自編自導的鬧劇。

薑黃保健品造成肝損傷，法國與澳洲政府警告

　　讀者 Elliot 在 2023 年 8 月 16 日留言，提供兩條有關薑黃補充劑造成肝損傷的資訊，其中一條是研究論文，另一條則是澳洲政府衛生部門發布的警告。

　　研究論文是 2022 年發表在《美國醫學期刊》（The American Journal of Medicine）的〈與薑黃相關的肝損傷——一個日益嚴重的問題：來自藥物性肝損傷網路的十例 [DILIN]〉[1]。我把重點整理如下：

一、薑黃被宣傳為治療多種疾病的膳食補充劑，包括關節炎、呼吸道感染、肝病、衰老，最近還用於預防新冠肺炎。

二、薑黃素不易吸收，所以對健康幾乎沒有益處或害處。然而，最近上市的薑黃補充劑通常含有胡椒鹼（黑胡椒），它可以大大提高薑黃素的全身生物利用度。例如據報導，僅20毫克胡椒鹼與薑黃一起服用即可將其血清中的生物利用度提高二十倍。可以想像，生物利用度的提高可能會加劇肝損傷。

三、本研究發現十例與薑黃相關的肝損傷病例，均自2011年入組，六例自2017年以來入組。這十例中八例為女性，九例為白人，中位年齡為五十六歲（範圍三十五到七十一歲）。五名患者需要住院，一名患者因急性肝功能衰竭而死亡。

澳洲的TGA（相當於美國的FDA）在2023年8月15日發布警告〈含有薑黃或薑黃素的藥物——肝損傷的風險〉[2]。我把重點整理如下：

一、含有薑黃屬物種和／或薑黃素的藥物和草藥補充劑可以在超市、保健食品商店和藥房購買，無須處方，也無須醫療專業人士的建議。澳洲治療用品登記冊（ARTG）中列出的六百多種藥物均含有這些薑黃物種和／或薑黃素。

二、截至 2023 年 6 月 29 日，TGA 已收到十八份關於消費者在服用含有薑黃和／或薑黃素的產品時出現肝臟問題的報告。其中兩例病情嚴重，一例致命。另外五起案例涉及的產品含有可能導致肝損傷的其他成分。

三、除了這些案例外，科學文獻中還有幾起澳洲和海外的案例報告，以及向其他國家的監管機構報告的多起案例。

四、對於吸收或生物利用度增強和／或劑量較高的產品，風險可能更高。

五、如果您出現以下任何症狀，應立即停止服用並尋求醫療建議：皮膚或眼睛發黃、深色尿液、噁心、嘔吐、異常疲倦、虛弱、胃或腹痛、食慾不振。

六、當以典型膳食量作為食物食用時，薑黃似乎與肝損傷的風險無關。

讀者 Elliot 又寄來法國的 ANSES（相當於美國的 FDA）在 2022 年 6 月 27 日發布的警告〈與食用含有薑黃的食品補充劑相關的不良反應〉[3]。我把重點整理如下：

一、最近，義大利記錄了約二十例與含有薑黃的食品補充劑有關的肝炎病例。在法國，ANSES 已收到一百多份不良影響

報告，其中包括十五份肝炎報告，可能與食用含有薑黃或薑黃素的食品補充劑有關。

二、薑黃素的生物利用度非常低，即它很難被吸收到血液中，並且很快就會被身體消除。製造商開發了各種配方來提高這種生物利用度，從而增強薑黃素的效果。儘管它們似乎沒有超過可接受的每日攝入量，但這些新配方可能會增加薑黃素在體內的生物利用度，從而帶來不良影響的風險。迄今為止，食品補充劑的標籤很少註明它們是經典配方還是新穎配方。因此，消費者可能會在不知不覺中攝入潛在有毒的產品。

三、此外，薑黃素還存在與某些藥物相互作用的風險，例如抗凝血劑、抗癌藥物和免疫抑製劑，這可能會降低它們的安全性或有效性。因此，ANSES 建議服用這些藥物的個人在未尋求醫療建議的情況下不要食用含有薑黃的食品補充劑。

薑黃素之王：大咖教授大規模作假

讀者 Elliot 在 2024 年 2 月 2 日再次留言，分享一篇 2024 年 1 月 30 日發表的文章〈薑黃素之王：大規模研究欺詐後果的案例研究〉[4]。所謂「薑黃素之王」，指的是美籍印度裔巴拉特‧阿格瓦（Bharat Aggarwal）博士。他從 1989 年到 2015 年在德州

大學的安德森癌症中心（MD Anderson Cancer Center）擔任教授。（補充：我差點在同一年到這個癌症中心擔任教授，但後來決定留在加州。）

我用他的名字和薑黃素（curcumin）在公共醫學圖書館 PubMed 搜索，搜到一百二十五篇論文；也在亞馬遜購物網搜到二十六本他的書，其中絕大部分是跟薑黃素相關。我也搜到他在 2004 年創辦「咖哩製藥公司」（Curry Pharmaceuticals），專注於研發基於薑黃素的藥品。再加上他現在已經有三十篇論文被撤稿（也是讓人瞠目結舌的數字），並且至少還有三十篇正在被調查，所以把他冠上「薑黃素之王」這個帶有貶義的名號，似乎並不為過。

事實上，有關這位教授論文作假的問題，該癌症中心當地的《休士頓紀事報》（Houston Chronicle）在 2012 年 2 月 29 日就已經有報導，請看〈M.D. 安德森教授面臨詐欺調查〉[5]。《休士頓紀事報》又在 2016 年 3 月 4 日發表文章〈被指控操弄數據的 M.D. 安德森科學家，退休〉[6]，指出安德森癌症中心花了四年的時間來調查這位教授，久得出乎尋常（通常是一年半），暗示該癌症中心有不當操作（包庇）之嫌。（補充：阿格瓦是在調查即將完成前的 2015 年 12 月 31 日退休，因而享有完整的退休福利。安德森癌症中心從未對外公布調查結果或阿格瓦的退

休。）我現在把「薑黃素之王」這篇文章的重點翻譯如下：

　　巴拉特·阿格瓦是一位印度裔美國生物化學家，1989 年到 2015 年在安德森癌症中心工作。他的研究重點是草藥和香料的潛在抗癌作用和治療應用。阿格瓦對薑黃素特別感興趣，薑黃素是薑黃中發現的無毒化合物，長期以來一直是阿育吠陀醫學體系的主要成分。從 1994 年到 2020 年，他撰寫了一百二十多篇有關該化合物的文章。這些文章報導薑黃素具有治療多種疾病的潛力，包括各種癌症、阿茲海默症以及最近的 COVID-19。阿格瓦在 2011 年出版的《治癒香料：如何使用五十種日常香料和異國香料促進健康並戰勝疾病》一書中建議「每天服用 500 毫克薑黃素補充劑以保持整體健康」。

　　安德森癌症中心最初似乎完全支持阿格瓦的工作。他們網站的「常見問題解答」頁面曾一度建議訪客從阿格瓦擔任付費演講者的一家公司批發購買薑黃素（請參閱《科學美國人》的〈香料治療〉一文）。然而，2012 年（在觀察到化名偵探 Juuichi Jigen 提出的圖像操縱行為後）安德森癌症中心對阿格瓦發起了一項研究詐欺調查，最終導致阿格瓦的三十篇論文被撤回。這些研究中只有一些專門針對薑黃素，但大多數涉及類似的天然產品。

對於單一作者來說，撤稿數量很少如此之高。根據《撤稿觀察》（Retraction Watch）排行榜，只有二十六人撰寫了這麼多被撤回的研究。阿格瓦撤回的文章中包含了數十個拼接的蛋白質印跡和重複圖像的實例，以及幾個小鼠被植入超過被認為合乎道德的體積的腫瘤的實例。發表後同儕審查線上平台《PubPeer》評論者注意到，除了三十篇已撤回的論文外，還有許多論文存在違規行為。阿格瓦於 2015 年從安德森癌症中心退休，但仍繼續撰寫論文並出席會議。

薑黃素不能很好地治療任何疾病。儘管它在大多數形式下對人類食用都是安全的，並且在基本上任何體外測定中都會顯示出活性（通過稱為測定干擾的過程），但沒有強有力的臨床試驗發現它是一種有效的藥物。請參考 Kathryn M. Nelson 等人 2017 年的總結：「不幸的是，沒有任何形式的薑黃素或其密切相關的類似物（似乎）具備良好候選藥物所需的特性（化學穩定性、高水溶性、有效和選擇性的標靶活性、高生物利用度、廣泛的組織分布、穩定的代謝和低毒性）。然而，薑黃素的體外干擾特性卻提供了許多陷阱，可能會誘騙毫無準備的研究人員錯誤判讀他們的研究結果。」

儘管薑黃素明顯缺乏治療前景，但有關薑黃素的研究量每年都在增加。每年發表超過兩千項涉及該化合物的研究，其中

許多研究都存在欺詐和論文製造廠參與的跡象。截至 2020 年，美國國家衛生研究院已花費超過一億五千萬美元資助與薑黃素相關的計畫。在阿格瓦開始認真發表有關該化合物的文章後不久，2007 財年的資金大幅增加，同年他宣布薑黃素為「印度固體黃金」。

薑黃素研究的激增，推動了其作為膳食補充劑的流行。美國市調公司 Grand View Research 估計，到 2020 年，薑黃素作為藥物的全球市場約為三千萬美元。製造商經常因對這些補充劑的健康影響做出虛假聲稱而受到美國 FDA 的譴責。

薑黃素是一個有價值的案例研究，說明無阻礙的詐欺行為如何扭曲整個研究領域，損害真正的研究。儘管有跡象表明阿格瓦關於薑黃素的研究不應被認為是可靠的，但大多數文章以及美國國家衛生研究院資助的大多數關於薑黃素的研究仍然引用阿格瓦的論文。如果阿格瓦沒有參與大規模的研究欺詐，這種資金和研究的爆炸性增長似乎不太可能發生。

 林教授的科學健康指南

1. 薑黃素保健品被誇大宣稱具有「有如抗生素」、「不用動的有氧運動」、抗癌、護心、防失智、減肥等功效，但並沒有科學證據

支持，頂多也就只是一些初步、未經證實的資料

2. 薑黃素很難被吸收到血液中，所以製造商開發了各種配方來增強薑黃素的效果，但這些新配方可能會帶來不良影響。法國和澳洲政府都提出了薑黃素補充劑對於肝損傷的案例報告

3. 有關薑黃素的研究量每年都在增加。每年發表超過兩千項涉及該化合物的研究，但其中許多研究都存在欺詐和論文製造廠參與的跡象，例如被稱為「薑黃素之王」的阿格瓦博士與他充滿爭議的大量薑黃素論文

4-3

維他命的實話與胡說：公視紀錄片推薦

#腳氣病、佝僂病、維他命 D 之父、維他命狂熱、過量中毒

　　2021 年耶誕夜，我收到台灣公共電視《紀錄觀點》節目寄來的一封電郵，內容大致是說他們將在 2022 年 1 月 20 日播出一部與維生素相關的紀錄片《維生素的異想與真實世界》，想問我有沒有興趣幫他們看影片，並在看過後寫一篇點評文章。以下就是我寫的這篇文章完整收錄。

維他命的異想與真實世界（簡體中文字幕影片）

維他命狂熱，主因是消費者本身的需求

　　《維他命的異想與真實世界》這部紀錄片的英文原名是 Vitamania: The Sense and Nonsense of Vitamins。Vitamania 是

Vitamin 和 Mania 的組合，意思是「維他命狂熱」。至於副標最貼切的翻譯應該是「維他命的實話與胡說」，而這跟我常說的「維他命的吹捧與現實」是不謀而合。這部紀錄片是在 2018 年發行，但是 Vitamania 這個合成字在二十二年前就已經出現。

莉瑪・阿普爾（Rima Apple）是威斯康辛大學的教授，現年七十七歲，已經退休。她在 1996 年出了一本書叫做《維他命狂熱：美國文化裡的維他命》（Vitamania: Vitamins in American Culture）。凱瑟琳・普萊斯（Catherine Price）是一位科學記者，她在 2015 年出了一本書叫做《維他命狂熱：我們對營養完美的痴迷追求》（Vitamania: Our Obsessive Quest for Nutritional Perfection）。隔年，這本書的副標改為「維他命如何徹底改變我們對食物的看法」（How Vitamins Revolutionized the Way We Think About Food）。

凱瑟琳・普萊斯兩次出現在紀錄片裡。第一次是 10 分 45 秒的時候，她主要在說「維他命之所以會成為一個千億美金的全球產業，是因為消費者本身的需求而促成的」。第二次出現是在 80 分 23 秒，主要論述是「也是因為消費者本身的要求，維他命產業將永遠不會受到法律的規管」。所以，普羅大眾對維他命的痴迷與需求已經存在二十多年了，而用「維他命狂熱」來形容這個全球性的現象，是一點也不為過。

跳芬克舞的鴿子：腳氣病與維他命的歷史

　　凱西・貝內托（Casey Bennetto）是澳洲籍的作曲家及歌手，他在紀錄片的第 7 分鐘首次出現，用演唱的方式來解釋「維他命」這個名詞的起源。陪他一起表演的是幾隻跳舞的卡通鴿子，而他們表演的音樂類型是芬克（Funk）。Funk 這個字有好幾個不同的意思，除了是一種音樂類型之外，也可以被翻譯成臭味、恐懼和怯懦。但在這裡，Funk 是一位波蘭籍化學家的姓氏。

　　卡西米爾・芬克（Casimir Funk，原名 Kazimierz Funk）是在 1884 年出生於波蘭華沙。他在 1910 年進入英國的李斯特學院（Lister Institute）從事研究，而當時的院長派給他的工作是研究腳氣病（beriberi）。腳氣病並非只是腳的毛病，而是全身性的，包括心臟。在那個年代，英國殖民地印度以及荷蘭殖民地印尼都出現很多腳氣病的案例，而這些案例包括當地居民以及英國與荷蘭的駐軍，所以這就是為什麼英國與荷蘭都迫切想解決腳氣病這個問題。

　　克里斯蒂安・艾克曼（Christiaan Eijkman）是荷蘭派駐印尼的首席軍醫官，他偶然發現實驗室裡的雞在長期吃剩餘的軍糧白米後也會出現類似腳氣病的症狀，而在改吃糙米後就會恢復健康。所以，他推理糙米的麩質一定是含有一種維持健康的必

需元素。這個元素就是我們現在熟知的維他命 B1。由於這個發現，艾克曼在 1929 年獲頒諾貝爾醫學獎。

芬克在研究腳氣病的時候改用鴿子做實驗，而他也發現長期吃白米的鴿子會出現類似腳氣病的症狀。所以，這就是為什麼這個紀錄片會用跳芬克舞的鴿子來代表芬克的研究。芬克在 1912 年發表了一篇關鍵性的論文〈缺乏性疾病的病因〉[1]。他說，有一些疾病，例如腳氣病（beriberi）、壞血病（scurvy）、糙皮病（pellagra）以及佝僂病（rickets）是屬於缺乏性疾病（deficiency diseases），而它們是可以用一些特定的有機物質來預防及治療。由於這些物質攸關性命（vita），而根據他的研究，這些物質是屬於胺類（amine），所以他建議將此類物質統稱為 Vitamine。

可是，後來的研究發現這些可以預防及治療疾病的物質並非屬於胺類，所以英國生化學家傑克‧德魯蒙（Jack Cecil Drummond）在 1920 年發表論文〈所謂的輔助食物因子的命名（維他命）〉[2]，建議將 Vitamine 改成 Vitamin。他的解釋是，「ine」這個字尾是代表具有化學特性的「胺」，而「in」這個字尾是代表不具化學特性的「素」，所以把 Vitamine 改成 Vitamin 就可避免把這些輔助食物因子錯誤歸類為「胺」。這個建議很快就得到大多數專家的同意，但是芬克卻堅持了十六年，直到

1936 年才終於在他的一本新書裡首度使用了 Vitamin 這個字。

雖然芬克在實證科學的領域裡並非特別傑出，但是由於他是 Vitamin 這個名詞的原創人，所以常被誤以為是維他命的發明人。不管如何，由於 Vitamin 這個名詞是如此的簡單扼要，容易用於行銷，所以才會導致這幾十年來全球性的 Vitamania。

水溶性維他命就不危險嗎？

紀錄片主持人德里克・馬勒（Derek Muller）在 16 分 55 秒開始介紹維他命的種類。他說維他命共有十三種，而其中四種（維他命 A、D、E、K）是脂溶性，其他九種則是水溶性。他進一步說，水溶性的維他命會從尿液排出，而脂溶性的維他命則會在肝臟和脂肪累積，所以過量攝取脂溶性維他命會導致中毒。雖然這樣的說法並沒有錯，但難免會讓人以為水溶性維他命就不會有過量攝取的問題。

紀錄片裡有兩個脂溶性維他命中毒的故事。其中那個維他命 A 中毒的故事是很精彩，但可惜就只是個故事（非事實）。另外那個維他命 D 中毒的故事雖然相對比較平淡，卻是比較重要。至於為什麼，請看下面分析。

紀錄片裡也有兩個水溶性維他命缺乏的故事。其中那個維

他命 C 缺乏的案例是由於該名患者完全不吃蔬菜水果，而像這樣的人在這個年代其實極其罕見。另外那個維他命 B9（葉酸）缺乏的案例雖然很有意思，但可惜所傳達的訊息卻有瑕疵。最重要的是，這個紀錄片完全沒有提起水溶性維他命攝取過量的問題，所以我會在下面補充這方面的相關資訊。

脂溶性維他命中毒

這個紀錄片是以一個維他命 A 缺乏導致失明的故事作為開端，然後很快（在 2 分 20 秒）就轉入一個因為維他命 A 中毒而致命的故事：1913 年道格拉斯・莫森（Douglas Mawson）和澤維爾・默茨（Xavier Mertz）在南極探險，後來由於缺乏食物而不得已吃了他們的雪橇狗，由於狗的肝臟含有大量的維他命 A，所以默茨最終死於「維他命 A 過多症」（hypervitaminosis A）。

維他命 A 過多症的確是有致命性，但是請注意，莫森是這次探險的唯一生還者，而吃雪橇狗這件事就是根據他的敘述，可是他根本就不知道有維他命 A 中毒這件事。要知道，在當時、當地，根本就不可能會有他們的血檢報告。事實上有關他們發生維他命 A 中毒這件事，直到目前都還只是個假設，而這個假設是源自於一篇 1969 年發表的論文〈1911 年至 1914 年澳

249

大利亞南極探險的維他命 A 過多症：對默茨和莫森疾病的可能解釋〉[3]。

另一個維他命中毒的故事出現在紀錄片的 76 分 42 秒，受害者是一名才三、四個月大的女嬰。由於女嬰的母親以為給孩子吃大量的維他命 D 才能顯示出母愛，結果導致女嬰差點喪命。雖然這個故事比起那個南極探險的故事來得平淡，但事實上維他命 D 所造成的問題是遠遠超過維他命 A。不過，由於維他命 D 是「維他命狂熱」之最，所以我要把它留在文章的最後來作為收場重頭戲。

水溶性維他命過量攝取的問題

雖然維他命 D 是當紅炸子雞，但其實維他命 C 也曾獨領風騷近四十年，更何況它現在仍是所有水溶性維他命補充劑裡的一哥。尤其是在癌症的另類療法中，靜脈注射維他命 C 可真是黑心醫生的搖錢樹。不管如何，過度攝取時，口服維他命 C 補充劑有可能會引發頭痛、腹痛、腹瀉、噁心、嘔吐和胃酸逆流。

維他命 B 群一向是被認為最安全的，但是一項在 2019 年 5 月 10 日發表的研究發現，過度攝取 B6 和 B12 會增加骨折的風險[4]。另一項在 2020 年 1 月 15 日發表的研究也發現，維他命

B12 在血漿裡的濃度與死亡率有正相關性[5]。這篇論文在結尾是這麼說的：「有關維他命攝入過多，特別是維他命 B12，已引起關注。在沒有維他命 B12 缺乏的情況下，對於是否要補充維他命 B12，應謹慎行事。」

葉酸的迷思與誤解

紀錄片的 37 分 24 秒用一個輪椅籃球選手的故事來說明維他命 B9（葉酸）的重要性。這位選手之所以需要輪椅代步，是因為他的脊髓發育不全，而之所以會有這個問題，是因為他母親在懷他時葉酸不足。有研究發現葉酸不足可能會導致胎兒神經管缺陷（neural tube defects），所以，儘管很多食物已經含有葉酸，但是為了以防萬一，懷孕初期的孕婦最好還是要服用葉酸補充劑。

「神經管缺陷」指的是神經管閉合不全，而神經管的閉合是在懷孕第二十八天就已經完成。所以，為了要防止神經管缺陷，葉酸的補充就必須在剛懷孕或甚至在懷孕前就進行。可是，大多數的準媽媽並不知道什麼時候會懷孕，或什麼時候已經懷了孕，所以可能就會錯失補充的適當時機。

讓人啼笑皆非的是，有很多醫生（包括婦產科醫生）、營養

師及媽媽健康網站都警告孕婦一定要吃葉酸補充劑。殊不知，**等到知道懷孕時才吃葉酸補充劑，已經是亡羊補牢了。更何況，有研究顯示，孕婦過度補充葉酸可能會導致胎兒的大腦發育遲緩。**

有鑑於此，美國在 1996 年立法強制在穀類產品中添加葉酸，而在 1998 年全面完成此一強制行動。所以，在美國的每個人，不論男女老少或有無懷孕，現在全都是被「強制」補充葉酸。在 2006 年，世界衛生組織及聯合國共同發布一份葉酸添加指南，建議世界各國如何在食物（麵粉）中添加葉酸。目前全世界有八十一個國家有強制添加葉酸的規定，但是實際上完成全面性強制添加的國家應當沒這麼多。台灣和中國都沒有強制添加葉酸。歐洲國家也都沒有強制添加葉酸。

紀錄片的 43 分 30 秒，主持人說歐盟每年有四千多個神經管閉合不全的案例，然而歐盟卻不做葉酸添加，所以接下來他就訪問法國國家健康與醫學研究院（Inserm）的營養與流行病學家瑪蒂爾德・圖維耶（Mathilde Touvier）博士。圖維耶博士說，不做葉酸添加的原因是麵包在法國是神聖又傳統的食品，所以不能隨意變動。

可是，不做葉酸添加並不是法國特有的政策，而是所有歐洲（或歐盟）國家都是如此。所以，她的解釋很顯然有問題。

事實上，我在三年前就曾寫文提過，歐洲國家不做葉酸添加的主要原因是擔心過量的葉酸會對健康有不良影響（請複習《維他命 D 真相》222 頁）。我也曾發表文章提醒「葉酸攝入過多的不利影響」[6]，提供了五篇論文來舉證葉酸攝取過多會有哪些不良影響，並引用了美國國家衛生研究院轄下的「膳食補充劑辦公室」（Office of Dietary Supplements）所發表的文章 [7]，其重點是：

大量葉酸可以糾正巨幼細胞性貧血，但不能糾正由維他命 B12 缺乏引起的神經系統損害。因此，葉酸補充劑的過度攝入可能會「掩蓋」維他命 B12 缺乏症，從而導致神經損害到不可逆的程度。

葉酸補充劑的過度攝入也可能會加速腫瘤前病變的發展，尤其是結直腸癌。此外，有研究顯示，在懷孕前後每天從補充劑中攝入 1,000 微克或以上的葉酸，會導致她的小孩大腦發育遲緩。

葉酸的攝入如超過人體將其還原的能力，就會導致體內有過多未代謝的葉酸，從而降低自然殺手細胞的數量和活性。也就是說，過多的葉酸可能會降低免疫能力。此外，也有研究發現，未代謝的葉酸可能與老年人的認知功能障礙有關。

從維他命 C 狂熱到維他命 D 狂熱

其實，「維他命狂熱」並不是一個精確的用詞，因為普羅大眾對十三種維他命的追捧程度是非常不同的。例如在 1980 年代和 1990 年代，最被瘋狂追捧的是維他命 C，而在 2000 年代則變成是維他命 D。所以，更精確的說法是，我們曾經歷過一個「維他命 C 狂熱」（Vita-C-mania）的時期，而現在則是正處於一個「維他命 D 狂熱」的時期。

頂尖期刊《JAMA 心臟病學》（JAMA Cardiology）在 2019 年 6 月 19 日發表〈維他命 D 心血管預防之死〉[8]，文章第一句是：「在過去十年裡，由於大眾對於維他命 D 萬靈丹的瘋迷，導致維他命 D 檢測和口服補充劑增加了近一百倍。」

那，到底是為什麼，大眾會在過去十年裡瘋迷維他命 D 萬靈丹呢？簡單的答案是，因為十多年前美國出現了一位維他命 D 超級推銷員麥可・哈立克醫生（Michael Holick, MD）。他在 2004 年發表論文〈維他命 D：預防癌症、一型糖尿病、心臟病和骨質疏鬆症的重要性〉[9]，要大家每年至少做一次血清維他命 D 檢測，還要每天吃至少 1,000 單位的維他命 D 補充劑。直到今天，十五年來，他每年都要發表好幾篇論文，一再說維他命 D 不足是全球性的災難，以及維他命 D 補充劑可以防治百病等

等。尤其是在一篇 2017 年的論文 [10] 裡，他還說肥胖的人每天需要吃 8,000 單位，而一般人縱然每天吃 15,000 單位也很好。

台灣有位江醫師曾在哈立克的實驗室進修，回台後他也大力提倡維他命 D，儼然成為台版的「維他命 D 萬靈丹之父」。我為了要對抗他傳播維他命 D 偽科學，在 2020 年 3 月 11 日出版了《維他命 D 真相》，在這本書裡我詳細說明科學家是為了要治療佝僂病而發現維他命 D。我也在書裡提到：**「在這五十多年來，花了成千上億的研究經費，做了數百個臨床試驗，最後的結論是，佝僂病是維他命 D 補充劑唯一被證實有預防或治療效果的疾病。」**

主持人馬勒在紀錄片的第 60 分鐘訪問了一位澳洲的維他命 D 專家瑞秋・尼爾（Rachel Neale）博士，而她這麼說：「一般大眾都認為維他命 D 被證明了有各種良好的健康效益，例如減少癌症和心血管疾病案例，但事實上我們只知道維他命 D 對骨骼非常重要，其他方面還未經證實。」

我在《維他命 D 真相》這本書裡也有說，雖然我們常常聽到維他命 D 不足、過低或缺乏，但事實上沒有人知道什麼是維他命 D 正常值。有關維他命 D 正常值，尼爾博士這麼說：「所以我們還沒有一個單一的數字是被世界上所有組織、所有科學家和所有醫生都接受的。」

　　我在書裡還說，癌症患者的維他命 D 水平通常都較低，所以台灣那位江醫師就叫大家一定都要吃大量的維他命 D 補充劑。可是，這位江醫師卻不瞭解「關聯性不等於因果性」，**事實上沒有人知道到底是「低維他命 D 水平」引發癌症，還是癌症引發「低維他命 D 水平」。更重要的是，絕大多數的相關研究也都發現維他命 D 補充劑不會降低癌症的發生率。**

　　紀錄片主持人馬勒也有提起尼爾博士的研究團隊正在進行一項維他命 D 補充劑的大型臨床試驗，而結果會在 2021 年出爐。由於紀錄片是在 2018 年發行，所以目前公共醫學圖書館 PubMed 裡面已經有以下兩篇這項臨床試驗的論文：

　　一、〈補充維他命 D 對澳洲老年人急性呼吸道感染的影響：對 D-Health 試驗數據的分析〉[11]。結論：每月大劑量 60,000 單位維他命 D 並未降低急性呼吸道感染的總體風險，但可以略微縮短一般人群的症狀持續時間。這些研究結果表明，對一個大體上維他命 D 充足的人群進行常規維他命 D 補充不太可能對急性呼吸道感染會產生臨床相關的影響。

　　二、〈維他命 D 補充劑和跌倒風險：隨機、安慰劑對照 D-Health 試驗的結果〉[12]。結論：每月大劑量 60,000 單位維他命 D 沒有降低跌倒風險。

　　其實，我在《維他命 D 真相》這本書裡早就有提供證據，

指出維他命 D 補充劑不會降低急性呼吸道感染或跌倒風險。所以，澳洲的這項大型臨床試驗只不過是再度肯定。我也可以預期，它將會再度肯定維他命 D 補充劑不會降低癌症風險。

維他命狂熱還會繼續演下去

卡西米爾・芬克在 1912 年創造了 Vitamine 這個名詞，然後傑克・德魯蒙在 1920 年建議將它改成 Vitamin，就這樣種下了 Vitamin Mania 的禍根。莉瑪・阿普爾在 1996 年把 Vitamin Mania 合併成 Vitamania，作為書名，然後凱瑟琳・普萊斯在 2015 年依樣畫葫蘆，也用 Vitamania 作為書名。

德里克・馬勒在 2018 年發行這部紀錄片，也用 Vitamania 作為片名。不管是出書還是拍電影，阿普爾、普萊斯和馬勒都是想用 Vitamania 這個帶有貶義的字來告訴大家維他命的真相。但是，成效很顯然是非常有限。我自己也發表了兩百多篇有關維他命的文章，以及四本相關的書，苦口婆心希望大家能瞭解 99% 的人是不需要吃維他命補充劑的。但其實我心知肚明，就算我再寫兩百篇、甚至兩千篇有關維他命的文章，再發表四本、甚至四十本相關的書，也還是一樣擋不住 Vitamania 這股狂潮。

　　雖然我也不認為這部紀錄片能在台灣擋住這股狂潮，但我還是非常佩服和感謝公視願意花這麼多心血來翻譯和播放這部紀錄片。至於公視的這份努力會有什麼成效，我想大概也只能說佛度有緣人吧！

相關影片推薦

　　這部紀錄片的官網有提供十三個短片，而其中有兩個是我認為值得推薦的：一、〈十件有關維他命的事〉[13]，長度3分46秒，是紀錄片主持人馬勒訪問作家普萊斯，談論「十件你不知道的有關維他命的事」。二、〈維他命專家有吃維他命嗎？〉[14]，長度1分40秒，是紀錄片裡十位維他命專家親口說出他們自己有沒有服用維他命補充劑。

 林教授的科學健康指南

1. 維他命共有十三種，其中四種（維他命A、D、E、K）是脂溶性，其中九種則是水溶性。不管是脂溶性或是水溶性的維他命，都存在有攝取過量中毒的風險

2. 有很多醫生（包括婦產科醫生）、營養師及媽媽健康網站都警告

孕婦一定要吃葉酸補充劑，殊不知，等到知道懷孕時才吃葉酸補充劑，已經是亡羊補牢了。更何況，有研究顯示，孕婦過度補充葉酸可能會導致胎兒的大腦發育遲緩

3. 葉酸的攝入如超過人體將其還原的能力，就會導致體內有過多未代謝的葉酸，從而降低自然殺手細胞的數量和活性。也就是說，過多的葉酸可能會降低免疫能力。此外，也有研究發現，未代謝的葉酸可能與老年人的認知功能障礙有關

4. 雖然近年來維他命 D 補充劑被吹捧為健康的萬靈丹，但在這五十多年來，花了成千上億的研究經費，做了數百個臨床試驗，最後的結論卻是，佝僂病是維他命 D 補充劑唯一被證實有預防或治療效果的疾病

4-4

抗氧化劑補充劑：
維他命 C、E 與 NAC 的查證

#抗氧化劑悖論、癌症、化療、N- 乙醯半胱胺酸

維他命 C 和 E 補充劑加速腫瘤生長和轉移？

讀者 Rick 張在 2023 年 9 月 25 日詢問：「林教授您好。我在《健康 2.0》看到一篇文章，標題是『維生素 C 和 E 加速腫瘤生長和轉移？最新研究揭示：可能惡化肺癌』。我在您的網站中只查到，維生素 C 對腫瘤治療似乎是沒什麼作用，而且美國 FDA 根本沒有核准此一療法，但是網路上還是流傳著高單位維生素 C 治療癌症的說法。如果只是沒有作用就算了，但若還會加速腫瘤生長和轉移，豈不是害人匪淺？可否請您撥冗釋疑，感謝。」

有關「維他命 C 和 E 加速腫瘤生長和轉移」的新聞，美國和台灣的主流媒體都有報導，起因是一篇在 2023 年 8 月 31 日發表的研究論文〈抗氧化劑刺激 BACH1 依賴性腫瘤血管生成〉

1。這篇論文共有二十位作者，而通訊作者（也就是研究團隊的領導）是現任瑞典卡羅林斯卡醫學院（Karolinska Institutet）副院長馬汀・伯格博士（Martin Bergo）。順帶一提，二十多年前他在加州大學舊金山分校（UCSF）做博士後研究的時候，那時我是 UCSF 的副教授。

早在 2014 年，他領導的一個六人團隊就已經發表了一篇論文〈抗氧化劑在小鼠加速肺癌進展〉2。這篇論文一開始就說：「在食品補充劑產業的推動下，抗氧化劑有助於抗癌的概念已在一般人群中根深蒂固。」

值得注意的是，這篇論文有一個伴隨的評論〈抗氧化劑的黑暗面〉3。此評論的第一段是：「抗氧化劑或防止其他分子氧化的化合物，被廣泛銷售為具有各種健康聲稱的膳食補充劑。這通常歸因於抗氧化劑的一個特徵，那就是能降低罹患癌症的風險。然而，近年來，許多研究對這一說法提出了質疑，因為新的證據表明抗氧化劑實際上可能會增加某些癌症的風險。」

其實，我在 2016 年成立《科學的養生保健》網站後不久，就發表了兩篇關於「抗氧化劑黑暗面」（也可叫做「抗氧化劑悖論」）的文章，收錄在《餐桌上的偽科學》123 頁。但是沒辦法，直至今日，抗氧化劑仍然是「被廣泛銷售為具有各種健康聲稱的膳食補充劑」。

伯格博士 2023 年這篇論文裡所說的「抗氧化劑」其實不只是維他命 C 和 E 而已，而是還包括了 NAC（N-acetylcysteine，N- 乙醯半胱胺酸）。但是，媒體卻都沒有報導 NAC 也可能加速腫瘤生長和轉移，而這顯然是因為它沒有像維他命 C 和 E 那樣出名。更好笑的是，媒體曾報導過 NAC 可以治癌，詳情請看下一段的「化痰藥治癌：平價化療？」。

至於讀者 Rick 張提問裡所說的「網路上還是流傳著高單位維生素 C 治療癌症的說法」，的確是個事實。台灣就有好幾個「名醫」公開廣告招攬生意，而我也曾經發表文章予以譴責。以下列舉三篇文章，並且再強調一次結論。

一、〈維他命 C 抗癌與正分子醫學騙局〉，收錄在《餐桌上的偽科學 2》185 頁：英國的癌症研究所甚至還說，一些研究甚至認為維他命 C 會干擾一些抗癌藥物，一項研究表明它甚至會保護乳癌細胞免受藥物三苯氧胺的影響。總之，「細胞分子矯正醫學」就只是一個唬人的名字，它所提倡的另類療法，包括靜脈注射大劑量維他命 C，非但不具任何療效，而且可能有反效果。

二、〈呼吸道感染，維他命有幫助？〉，收錄在《維他命 D 真相》170 頁：沒有足夠的數據表明維他命 C 狀況與患特定類型癌症的風險之間存在關聯性。目前有關靜脈注射維他命 C 治

療癌症的證據只限於觀察性研究。

三、2023 年〈維他命的實話與胡說：公視紀錄片推薦〉，收錄在本書 244 頁：雖然維他命 D 是當紅炸子雞，但其實維他命 C 也曾獨領風騷近四十年，更何況它現在仍是所有水溶性維他命補充劑裡的一哥。尤其是在癌症的另類療法中，靜脈注射維他命 C 可真是黑心醫生的搖錢樹。

請注意，伯格博士的那兩篇論文都是用老鼠和細胞模型做出來的研究，所以其結果還不可以直接套用到人的癌症。更重要的是，論文裡所說的抗氧化劑（包括維他命 C 和 E），指的是大劑量（來自補充劑），而不是微劑量（來自食物）。我在 2019 年發表的〈維他命簡史與分類〉一文（收錄在《維他命 D 真相》16 頁）就說過，**維他命的定義是「來自食物的微量營養素」，但很不幸的是，市面上販售的維他命已經背離了這個定義。**

化痰藥治癌：平價化療？

上一段文章提到媒體曾報導過抗氧化劑 NAC 可以治癌，例如一位朋友在 2018 年 6 月 27 日寄來短訊，裡面就有一篇同年 1 月 27 日刊登在《健康遠見》的文章〈胰臟癌轉移腹膜差點餓死，感冒藥救他一命〉[4]，內文的重點複製如下：「六十歲林先生

去年發現罹患胰臟癌轉移腹膜，入院大半年做電療、化療，癌細胞仍迅速蔓延，連大腸都被侵吞、無法進食，僅能靠營養點滴維生。他接受醫師建議自費施打化痰藥物（acetylcysteine），四週後能進食，兩個月後腹膜癌細胞消褪大半，……研究腹膜癌化的澳洲醫師 David Morris 經多年臨床研究，發現鳳梨酵素搭配化痰藥，可對消化道腹膜癌化產生抑制作用，該成果已在 2014 年發表，……國外已有醫師『老藥新用』，以化痰藥治療消化道腹膜癌化患者，因其中的抗氧化特性，可減少細胞損傷，並對癌細胞產生抑制生長效果，且自費費用便宜，堪稱『平價化療』。」

這段文字提到的 acetylcysteine，全名是 N-acetylcysteine，中文是 N- 乙醯半胱胺酸，簡稱 NAC。NAC 在臨床上有多方面的用途，但最重要的是針對普拿疼使用過量的解毒。至於在癌療方面，我們就來看看這篇文章所說的「澳洲醫師 David Morris 經多年臨床研究，……該成果已在 2014 年發表」。

這位澳洲醫師總共發表了三篇有關 NAC 和癌症的論文（2014 年、2015 年、2016 年各一篇），《健康遠見》文章所說的是 2014 年那篇〈鳳梨酵素和 N- 乙醯半胱胺酸體外抑制胃腸癌細胞的增殖和存活：綜合治療的重要性〉[5]。這個研究是用培養的細胞做出來的，跟臨床研究無關。而 2015 年和 2016 年的研

究也是用細胞培養或老鼠模型做出來的，也跟臨床研究無關。所以，所謂的「經多年臨床研究」是沒有根據的。事實上，縱然是用老鼠做出來的實驗，也有對 NAC 非常不利的。例如前一段文章裡所提及的 2014 年論文〈抗氧化劑在小鼠加速肺癌進展〉，就發現 NAC 導致腫瘤數量、大小和侵襲性增加三倍，而老鼠的存活率也至少降低 50%。

再來，我們來看這句「國外已有醫師老藥新用，以化痰藥治療消化道腹膜癌化患者」。可是，我查遍所有能搜尋的管道，就是搜不到有任何這樣的報告或報導。我唯一搜到跟「臨床」和「癌」有關的是兩篇 2017 年的臨床試驗。第一篇是〈口服 N-乙醯半胱胺酸的 II 期隨機安慰劑對照試驗用於保護黑素細胞痣免於 UV 誘導的體內氧化應激〉[6]，而其結論是 NAC 沒有抗癌功效。第二篇是〈初步研究顯示體內抗氧化劑補充 N- 乙醯半胱胺酸在乳癌的代謝和抗增殖作用〉[7]，可是這個研究所檢視的是幾個所謂的代謝和抗增殖「指標」，跟療效沒有直接關係。

位於紐約的「斯隆凱特琳癌症紀念中心」（Memorial Sloan Kettering Cancer Center）是頂尖的癌症研究和治療機構，其網站有提供非常詳盡的有關 NAC 的資訊[8]，而其第一句話就是：「NAC 是乙醯胺酚（普拿疼）過量和分解黏液的有效藥物。它還未被證實對治療癌症有效。」

如果《健康遠見》的報導屬實，這個醫療案例就應該被發表到醫學期刊。畢竟，這是一個很了不起的成就，絕對堪稱是台灣之光。

 林教授的科學健康指南

1. 抗氧化劑補充劑（如維他命 C、E 和 NAC）雖然是「被廣泛銷售為具有各種健康聲稱的膳食補充劑」，但其療效並未被證實，甚至可能有害

2. 維他命的定義是「來自食物的微量營養素」，但很不幸的是，市面上販售的維他命補充劑已經背離了這個定義。一個簡單的判斷準則是：來自食物的微營養素是有益的，來自補充劑的不僅無益甚至可能有害

抗老神藥？
維他命 B3 補充劑的效果與查證

＃菸鹼酸、B 群、B12、素食、抗衰老

　　臉書朋友許小姐在 2023 年 11 月 10 日傳來簡訊：「教授您好，我平時有在讀您的網站，也買了《餐桌上的偽科學》來拜讀，真的獲益良多，省了好多錢，也明白吃得營養均衡才是最重要的！但因為外食，想要營養均衡還是有點小難度（還是會盡量往這方向努力）。看到這篇文章，想請問 B 群是可以買來補充（因為裡面說現代人普遍不足）或早晨提神的嗎？再次謝謝您的付出！」

國人普遍缺乏維他命 B 群？與事實不符

　　許小姐提供的連結是「啟新診所」發表的文章〈維他命中的大家族：維他命 B 群〉[1]，內文第一段和第三段是：「根據國民

營養調查結果顯示，二分之一的國人有吃維他命的習慣，卻幾乎熱衷維他命 C 和 E 的攝取，甚至超攝取，反而疏忽民眾普遍欠缺的維他命 B 群。維他命 B 群是現代人非常重要的營養素，很多人並不清楚維持體內足夠的維他命 B 群，對現代忙碌上班族或課業壓力大的考生族有多麼的重要！呼籲國人要多加強對維他命 B 群認識與補充。人體無法自行合成維他命 B 群，必須由食物中，例如深綠色蔬菜中攝取，然而水溶性的維他命 B 群卻很容易在烹調中遇熱破壞，超量攝取也會經由尿液排泄出去；若再加上飲食不正常、三餐外食，及壓力、熬夜等消耗掉大量的 B 群，使得現代人必須額外補充。」

這段話裡的「現代忙碌上班族……所以必須額外補充維他命」是典型的「恐怖行銷」，此一手段顯然非常有效，因為很多讀者都來問我「因為是上班族或外食族，所以是不是需要額外補充維他命」。我在搜尋資料的過程中發現另一篇文章，是《優活健康網》發表的〈國人普遍缺乏維生素 B，易情緒失控！〉[2]，內文第一段和最後一段是：「根據國民健康署的統計指出，我國平均每三個人就有一人缺乏維生素 B 群，……維生素 B 被歸類為八種，若要補充，最好能夠八種一次補足，才能達到最大的效果，否則恐怕會花大錢，卻得不到任何作用！……若上班族常出現以下幾個表現……就要注意飲食的均衡以及多補充維生

素 B 群的相關食物。」

「多補充維生素 B 群的相關食物」！各位讀者有沒有注意到，它是要上班族補充相關食物，而不是「保健品」。但是，請問您在看到這篇文章後會決定補充相關食物還是保健品？不管如何，這兩篇文章所說的「國人普遍缺乏維他命 B 群」是真的嗎？

台灣衛福部有發表一份〈國民營養健康狀況變遷調查成果報告（2013 － 2106 年）〉[3]**，此報告指出，國人攝取維他命 B 群的狀況大致符合建議攝取量。由此可見，這兩篇文章所說的「國人普遍缺乏維他命 B 群」是與事實不符。美國國家醫學圖書館（National Library of Medicine，NLM）也說：「在美國，缺乏維他命 B 的情況很少見。」**[4]

事實上，不論是在谷歌或是在公共醫學圖書館 PubMed 搜索「維他命 B 缺乏」（vitamin B deficiency），絕大多數出現的資料是關於「維他命 B12 缺乏」。這是因為在八種維他命 B 裡，有七種是大量存在於穀類蔬菜水果裡，而唯一不含於穀類蔬菜水果裡的就只有 B12。

也就是說，只要你有吃穀類蔬菜水果的習慣，那除了 B12 之外，你是不太可能會缺乏維他命 B 的。而由於肉類、魚、奶、蛋都含有 B12，所以，只要你是葷素雜食者，你是不太可能會缺

乏維他命 B 的。

至於純素食者，攝取 B12 的最佳途徑就是吃添加了 B12 的穀物。這種食物在美國通常是在早餐吃，叫做「早餐麥片」（breakfast cereals），但也可以在任何一餐吃，甚至可以當零食吃。當然，吃綜合維他命也是素食者攝取 B12 的另一條途徑。但是，請千萬不要相信什麼植物性 B12 食物，也不要過度攝取 B12 補充劑，詳細的原因已收錄在《維他命 D 真相》236 頁。

長生不老藥？維他命 B3 的心血管疾病風險

上一段文章發表後，讀者 Elliot 在 2024 年 2 月 23 日留言：「營養強化食品裡的 B3 一般非高劑量，卻有過量的風險，市售的 B 群（甚至是綜合維他命）的高劑量，更容易徒增過量的風險。影片採訪末裡 Stanley Hazen, MD, PhD 的營養攝取建議：盡可能均衡食用未加工的原型食物，限制或避免過度加工食品（例如保健食品／補充劑）。」

讀者 Elliot 所說的影片，來自 2024 年 2 月 20 日《CBS》的一篇新聞報導〈新研究稱加工食品中添加維他命 B3 會增加心臟病的風險〉[5]。在繼續討論這則報導之前，我想先說兩件事：一、有一個普遍存在的迷思，那就是「水溶性的維他命 B 群和維他

命 C 不會有過量攝取的風險，因為會從尿液排出」，可是事實並非如此。維他命 B6、9、12 及維他命 C 都有攝取過量的風險，請看本書 250 頁。二、維他命 B3 有很多不同的名稱，而有些商家就用大家比較不熟悉、聽起來很有學問的名稱來捏造所謂的長生不老藥，請看《維他命 D 真相》230 頁。

《CBS》這篇文章，是在報導一項 2024 年 2 月 19 日發表於頂尖醫學期刊《自然醫學》（Nature Medicine）的心血管疾病研究〈菸鹼酸的最終代謝物會促進血管發炎並增加心血管疾病的風險〉[6]，研究團隊的領導是克里夫蘭診所的醫生史丹利・哈贊（Stanley Hazen）。標題中的「菸鹼酸」，就是維他命 B3。這篇論文在介紹裡說：「儘管採取了大量預防性心血管疾病（CVD）措施，但即使對於接受所有指南建議的干預措施的個人來說，仍然存在大量殘餘 CVD 風險。菸鹼酸是主食中強化的一種必需微量營養素，但在 CVD 中的作用尚不清楚。」這裡提到的「強化」，意思就是「添加」。此論文的結論是：「過量菸鹼酸的最終分解產物 2PY 和 4PY 均與殘餘 CVD 風險相關。它們也表明 4PY 與主要不良心血管事件之間臨床關聯的發炎依賴性機制。」

克里夫蘭診所也在 2024 年 2 月 20 日發表文章〈發現過量菸鹼酸與心血管疾病之間的聯繫〉[7]，此文結尾引用哈贊醫生的說法：「需要對含有菸鹼酸的膳食補充劑的廣泛使用進行新的審

查，這些補充劑經常被用來作為未經證實的抗衰老作用。患者在服用非處方補充劑之前應諮詢醫生，並專注於富含水果和蔬菜的飲食，同時避免攝取過量的碳水化合物。」

林教授的科學健康指南

1. 只要有吃穀類、蔬菜、水果的習慣，那麼除了 B12 之外，不太可能會缺乏維他命 B。而由於肉類、魚、奶、蛋都含有 B12，所以，葷素雜食者也不太可能會缺乏維他命 B

2. 純素食者攝取 B12 的最佳途徑，就是吃添加了 B12 的早餐麥片，其次才是綜合維他命

4-6

牛奶和鈣片，長高又助眠？

＃身高、血清素、褪黑激素、色胺酸

　　我曾經發表文章，指出所謂的「天然的」鈣補充劑純粹是行銷噱頭，以及服用鈣補充劑是弊多利少（請複習《偽科學檢驗站》275 頁）。讀者 Howard 在 2023 年 9 月 22 日留言回應：「不好意思，想請教林教授，喝牛奶或吃鈣片，對於孩童或生長期長高有幫助嗎？很多地方都在推廣牛奶長高論，那鈣片的補充有助於長高嗎？再者，補充鈣片或牛奶可以幫助入睡是否也有理論支持呢？謝謝林教授撥冗回覆。」

牛奶和鈣片能幫助兒童長高嗎？

　　有關鈣片是否能幫助兒童長高，公共圖書館 PubMed 有收錄兩篇論文，其結論都是「不能」。一篇是 1995 年的論文〈一項隨機雙盲對照補鈣試驗以及兒童骨骼和身高的獲得〉[1]，另一

篇是 2007 年的論文〈鈣補充劑對健康兒童不會影響體重增加、身高或身體組成〉[2]。

有關牛奶是否能幫助長高，我們先來看 2023 年 6 月 18 日發表在《Thai PBS World》的文章〈泰國兒童因牛奶喝太少而身高落後〉[3]。我把其中六段濃縮成一段：

泰國衛生部總幹事 Suwannachai Wattanayingcharoenchai 博士表示，泰國兒童往往身材矮小，因為他們喝太少牛奶。他進一步表示，十二歲男孩的平均身高僅 148.4 公分，女孩的平均身高為 149.3 公分，而十九歲男孩的平均身高為 166.8 公分，女孩的平均身高為 157.8 公分。在過去幾年，泰國青少年「矮」的比例從 9.5% 增加至 10.4%。身材矮小可歸因於牛奶攝取不足。泰國政府要提倡喝牛奶來作為增加泰國年輕人平均身高的一種方式，其目標是到 2027 年將泰國十八歲以上男孩的平均身高提高至 170 公分，女孩的平均身高提高至 165 公分。泰國人的牛奶消費量普遍較低，每年每人約 21.5 公升，而日本人為 32.8 公升，印度人為 60 公升。泰國政府的目標是到 2027 年將泰國人的平均牛奶消費量提高至每人每年 25 公升。

對於牛奶是否能幫助長高，醫學文獻基本上可以分成「肯

定」和「不確定」兩類。不確定是因為研究上有許多難以控制的變數，尤其是當考慮到社會經濟因素，例如收入和獲得營養食品的機會時。請參考以下幾篇論文。

一、2005 年論文〈牛奶能讓孩子長高嗎？美國國家健康與營養調查（NHANES）1999 － 2002 年牛奶消耗量與身高之間的關係〉[4]。結果表明，在控制性別、教育程度和種族後，成人身高與五到十二歲和十三到十七歲的牛奶攝取量呈正相關。在當代兒童中，在控制年齡、出生體重、能量攝取和種族後，牛奶攝取量對五到十一歲兒童的身高沒有影響。相較之下，牛奶消費頻率和牛奶攝取量（以牛奶克數或牛奶中的蛋白質或鈣來衡量）是十二到十八歲兒童身高的重要預測因素，以及年齡、性別、家庭收入和種族。最大的種族差異是墨西哥裔美國人與非西班牙裔白人和黑人之間的差異，在這些比較中，牛奶變數仍然是身高的重要預測因素。因此，NHANES 數據顯示，牛奶攝取量對身高的影響有很大的變異性。

二、2019 年論文〈乳製品消費對兒童身高和骨礦物質含量的影響：對照試驗的系統性評價〉[5]。目前的系統性回顧表明，用乳製品補充日常飲食可以顯著增加兒童時期的骨礦物質含量。然而，關於乳製品消費與線性成長之間可能存在的關係的結果尚無定論。

　　三、2020 年論文〈六至五十九個月兒童牛奶攝取量與兒童生長的關係〉[6]。我們的結果表明，牛奶消費與體重不足的機率降低 1.4 個百分點以及發育遲緩的機率降低 1.9 個百分點。消瘦的關聯性並不強。對於來自富裕家庭的兒童而言，這種關聯性更為強烈，這可能表明牛奶消費量可以代表更好的整體營養或社會經濟地位。

　　四、2020 年論文〈開始喝牛奶年齡與三至五歲兒童的成長〉[7]。在 1,981 名兒童中，在較小年齡時引入牛奶與三至五歲時身高增加有關。每提前一個月引入牛奶，身高就會增加 0.1 公分。在四歲時，九個月與十二個月開始接觸牛奶的孩子身高差異為 0.4 公分。

　　五、2020 年論文〈MILK 研討會回顧：牛奶消費與六十個月以上尼泊爾農村兒童的身高和體重以及二十四至六十個月大的兒童的頭圍改善有關〉[8]。在調整家庭因素（分組、調查輪次及其交互作用、財富、收入、牲畜和土地所有權、母親教育）和兒童因素（年齡、性別、基線人體測量）後，混合效應線性回歸分析表明，牛奶消費與六十個月以上兒童的身高較高有關。在動物性食物中，牛奶與兒童生長的關係最強且最一致。

牛奶和鈣片能助眠嗎？

有關鈣片是否能助眠，在公共圖書館 PubMed 搜不到任何論文，而在一篇 2020 年發表的綜述論文〈飲食對睡眠的影響：敘述回顧〉[9]，也找不到「鈣」（calcium）這個字。所以，很顯然地，目前沒有科學證據顯示鈣片能助眠。

有關牛奶是否能助眠，在這篇綜述論文裡有這麼幾句話：「在食用色胺酸（牛奶等食物中存在的一種胺基酸）後睡眠參數有所改善（例如增加睡眠時間和效率，縮短睡眠潛伏期）。其機制是因為色胺酸會與其他大的中性胺基酸（例如纈胺酸、白胺酸、異白胺酸、酪胺酸和苯丙胺酸）競爭穿過血腦屏障，在那裡先轉化為血清素，然後再轉化為可以促進睡眠的褪黑激素。」

2023 年 3 月發表的另一篇綜述論文〈探討乳製品在睡眠品質中的作用：從人群研究到機制評估〉[10]更進一步說：「乳製品富含色胺酸，這是產生血清素和褪黑激素的關鍵受質，有助於啟動和維持睡眠。」

專注於探討牛奶是否能助眠的論文也大多傾向於正面的結論，請看以下四篇論文。

一、2014 年論文〈老年人入睡困難與休閒時間體力活動和

牛奶及乳製品消費相結合之間的關聯：橫斷面研究〉[11]。對於入睡困難的老人來說，參與休閒體能活動和食用牛奶或起司是改善入睡的良方。此外，在休閒時進行體力活動並食用乳製品可以有效改善入睡問題。

二、2019 年論文〈日本精英運動員訓練期間牛奶或乳製品消費頻率與主觀睡眠品質的關聯：橫斷面研究〉[12]。女性在訓練期間較高的牛奶攝取頻率與主觀睡眠品質下降的風險較低有顯著相關。

三、2020 年論文〈牛奶和乳製品對睡眠的影響：系統性評價〉[13]。總體而言，這些研究表明，包括牛奶和乳製品在內的均衡飲食可有效改善睡眠質量，儘管由於研究人群和方法的差異，各項研究結果參差不齊。

四、2023 年論文〈中國成年人牛奶攝取量與睡眠障礙之間的關聯：橫斷面研究〉[14]。常規攝取牛奶有利於睡眠品質。

 林教授的科學健康指南

1. 目前沒有科學證據顯示鈣片能幫助長高和助眠

2. 醫學文獻對於牛奶是否能幫助長高和助眠，大多是傾向肯定的結論

4-7

維他命 D 和鈣補充劑，
對骨質疏鬆有益嗎？

＃曬太陽、跌倒、骨折、健康指南

　　讀者 Shaun 於 2021 年留言：「林教授，不好意思打擾您，最近家中長輩被診斷出骨質疏鬆（T score ＞ -3），在骨質疏鬆學會的骨質疏鬆治療指引上有說到，『美國骨質疏鬆症基金會（NOF）和國際骨質疏鬆症基金會（IOF）建議，五十歲以上成人每日至少需攝取飲食鈣量 1,200 毫克（包括鈣片補充劑量）和維生素 D 800IU 到 1,000IU。』可以請您發表一下針對這點的看法嗎？謝謝。」

補充維他命 D 和鈣？骨質疏鬆學會的建議能相信嗎？

　　這位讀者所說的「美國骨質疏鬆症基金會」確實是有發表文章〈鈣和維他命 D 對骨骼健康至關重要〉¹，雖然這份文件有

服用維他命 D 和鈣補充劑的建議，但卻也這麼說：「美國骨質疏鬆症基金會和幾乎所有其他肌肉骨骼領域的組織都提倡從食物來源攝取推薦的膳食鈣和維他命 D。當不可能從飲食來源獲得足夠量的鈣時，重要的是通過以鈣補充劑的形式來補充。」

此外，讀者所說的「國際骨質疏鬆症基金會」也有發表一篇文章〈預防骨質疏鬆〉[2]，其中包含了六個項目（鈣、一般食物中鈣含量、維他命 D、蛋白質和其他營養素、運動、防止跌倒）。在維他命 D 及鈣這兩個項目裡，雖然此文有建議服用補充劑，但是卻也提供了一份富含鈣的食物表格以及教導要如何從曬太陽和食物中攝取維他命 D。

也就是說，**不管是美國骨質疏鬆症基金會，還是國際骨質疏鬆症基金會，都是認為只有在無法從食物或曬太陽攝取到足夠的維他命 D 或鈣時，才需要吃補充劑。**事實上，美國骨質疏鬆症基金會還說：「不主張不分青紅皂白地為廣大人群開具維他命 D 補充劑的處方。」而國際骨質疏鬆症基金會也說：「『最佳』維他命 D 攝入量沒有統一的定義，這就是為什麼維他命 D 的飲食建議只是大略的。」

很不幸的是，很多人（包括醫生和制定健康指引的人）卻完全忽略了「從飲食攝取」這項建議，而只注重「從補充劑攝取」。事實上，根據一篇 2021 年 7 月 15 日發表的論文，絕大多

數的相關指引，包括來自骨質疏鬆學會的，是問題重重。請看這篇論文〈評估用於制定維他命 D 和鈣建議的方法：骨健康指南的系統回顧〉[3]。這項研究從全世界蒐集了共七百三十三份為骨健康而制定的維他命 D 和鈣指南，去蕪存菁後留下四十七份做最後的分析。我把這篇論文的重點整理如下：

世界衛生組織（WHO）有提供指南制定的標準，包括對現有證據進行系統審查並對建議的強度進行評級。指南制定的過程應該是透明的，包括管理利益衝突和為多個利益相關者量身定制，例如決策者、醫療保健提供者、患者和公眾。指南需要根據新出現的證據定期審查和更新。對於循證骨骼健康指南，目前尚不清楚維他命 D 和鈣建議的可變性在多大程度上與制定這些建議的方法有關。

具體建議在不同國家的指南中有所不同，甚至在一個國家內的組織之間也有所不同，這是由於維他命 D 和鈣補充劑對骨礦物質密度和骨折的有效性存在相互矛盾的證據。此外，高劑量使用這些補充劑可能會導致不良事件，包括跌倒、心血管疾病和腎結石。

總體而言，這些指南的方法學質量很低。平均而言，WHO指南制定的二十五項方法學標準中只有十項得到滿足。而且，

在這些指南中，關於維他命 D 或鈣的每日攝入量建議差異很大。

就維他命 D 而言，三十七份指南（占 79%）提供了每天 200～600IU 到 4,000IU 的每日攝入量建議。這些指南所建議的維他命 D 攝取來源是：十九份指南（占 40%）建議從膳食攝取，四十五份指南（占 96%）建議服用維他命 D 補充劑，以及十二份指南（占 26%）建議從戶外陽光攝取。就鈣而言，三十五份指南（占 74%）提供了每日推薦攝入量，而範圍是 600 至 1,300 毫克。大多數指南（共三十四份，占 72%）建議從特定食物來源（例如乳製品）攝取。關於全食飲食的建議，只有八份指南（占 17%）建議採用營養均衡的飲食來維持骨骼健康或預防骨質疏鬆症。這些指南所做的建議，尤其是在維他命 D 方面，由於推薦水平存在很大差異，而且缺乏作為支持證據的系統評估，實在讓我們感到擔憂。

此外，目前關於維他命 D 和鈣補充劑對骨礦物質密度和預防骨折的有效性的研究結果並不一致。幾項隨機對照試驗的系統評估表明，補充維他命 D 對預防全骨折或髖部骨折或對骨礦物質密度沒有有益作用。2019 年發表的兩項大型試驗進行了超過十二個月的隨訪，也發現補充維他命 D 對骨骼健康沒有影響。同樣地，之前的評論也提出了關於補鈣對骨礦物質密度和預防骨折的有效性的問題。維他命 D 聯合鈣補充劑對減少非椎

骨骨折的影響在系統評估中也不一致。此外，臨床試驗的系統
評估也報告了不良事件，如高鈣血症和高鈣尿症、跌倒風險、
心血管事件、胃腸道症狀和腎臟疾病。

 林教授的科學健康指南

1. 美國骨質疏鬆症基金會和國際骨質疏鬆症基金會都認為，只有在
   無法從食物或曬太陽攝取到足夠的維他命 D 或鈣時，才需要吃
   補充劑。很不幸的是，很多人（包括醫生和制定健康指引的人）
   卻完全忽略了「從飲食攝取」這項建議，而只注重「從補充劑攝
   取」

2. 目前關於維他命 D 和鈣補充劑對骨礦物質密度和預防骨折的有
   效性的研究結果並不一致。幾項隨機對照試驗的系統評估表明，
   補充維他命 D 對預防全骨折或髖部骨折或對骨礦物質密度沒有
   有益作用

4-8

助眠補充劑效果查證：
GABA 與褪黑激素

#睡眠障礙、老人痴呆、抗焦慮藥、血腦屏障、血清素

GABA 補充劑能助眠嗎？有副作用嗎？

M 博士是我的長期讀者，也是與我僅有一面之緣的知交。他在 2023 年 4 月 11 日傳來一則用英文寫的臉書簡訊，翻譯如下：「林教授，跟您問安。隨著人類年齡的增長，大多數人都會出現不同程度的睡眠問題。雖然我知道服用安眠藥可能與失智症有關，但我想知道像 GABA 這樣的補充劑是否是一種安全的替代品。我個人發現 GABA 藥片可以幫助我在睡前放鬆，而且我還聽說 David Sinclair 博士也服用它。但是，是否有任何我需要注意的 GABA 副作用？根據我的搜尋，目前的研究似乎沒有發現 GABA 有任何明顯的副作用。預先感謝您的幫助！」

關於「服用安眠藥可能與失智症有關」，請看《餐桌上的偽科學》210 頁以及本書 105 頁。在這兩篇文章裡我有說，苯二氮

平類（benzodiazepine，簡稱 BDZ 或 benzo）藥物，有些是用於助眠，有些則是用於抗焦慮。但不管如何，它們的藥理機制是大同小異（都是降低神經興奮）。

benzo 之所以能降低神經興奮，是因為它會助長 GABA 的作用。GABA 是 γ-胺基丁酸（gamma-aminobutyric acid）的縮寫，它是神經系統裡最主要的「抑制性神經遞質」（inhibitory neurotransmitter）。也就是說，我們的大腦會釋放 GABA 來降低神經興奮，從而使心情放鬆，容易入眠。因此 benzo 是非常有效的抗焦慮和助眠藥。但是，benzo 有成癮性及不良副作用，也非常難戒掉，所以有些 benzo 在美國是管制藥，例如氯硝西泮（clonazepam）。

有趣的是，很多食物含有豐富的 GABA，例如菠菜、番薯、綠花椰菜、羽衣甘藍和韓國泡菜。所以，網路上有很多文章鼓勵要多吃這類食物來抗焦慮或幫助睡眠。當然，也有很多文章叫大家要吃 GABA 補充劑。這些文章大多會說 GABA 不像 benzo 那樣危險，因為它是天然的。

但是，截至目前為止，補充 GABA 是否能抗焦慮或幫助睡眠，醫學界還是爭論不休。反面的一派說，口服的 GABA 根本就無法進入大腦，所以不可能抗焦慮或幫助睡眠。正面的一派則說 GABA 可以進入大腦。

我們的大腦是非常尊貴的器官，不容許閒雜物質的進出，

所以血液循環所攜帶的物質是需要通過「血腦屏障」（blood-brain barrier）的篩選才能進入大腦。截至目前為止，還沒有任何直接證據顯示口服的 GABA 可以進入大腦。那些認為 GABA 可以進入大腦的論調都是根據間接的證據，例如心電圖或焦慮指數。此外，由於 GABA 也存在於腸神經系統中，因此也有人認為 GABA 可能通過「腸腦軸」（gut-brain axis）來影響大腦。

不管如何，有一篇 2020 年發表的論文〈口服 GABA 對人類壓力和睡眠的影響：系統評價〉[1]，針對口服 GABA 是否能抗焦慮或幫助睡眠，做了系統性的回顧。此論文的結論是：儘管在得出關於口服 GABA 攝取對壓力和睡眠的功效的任何推論之前需要更多的研究，但結果表明，抗壓力方面的證據有限，而睡眠益處的證據也非常有限。

有關口服 GABA 是否有不良副作用，我們來看 2021 年發表的一篇論文〈美國藥典（USP）對 γ- 胺基丁酸（GABA）的安全性審查〉[2]。此論文文摘是：

γ- 胺基丁酸（GABA）在美國作為膳食補充劑銷售。USP 通過評估臨床研究、不良事件信息和毒理學數據對 GABA 進行了全面的安全性評估。臨床研究調查了純 GABA 作為膳食補充劑或作為發酵乳或大豆基質的天然成分的效果。數據顯示，在

連續四天每天攝入高達 18 克的 GABA 以及持續十二週攝入量為每天 120 毫克的長時間研究中，沒有與 GABA 相關的嚴重不良事件。一些研究表明，GABA 與血壓的短暫和溫和下降（< 10% 變化）有關。沒有關於 GABA 在懷孕和哺乳期間影響的研究，也沒有發現與 GABA 相關的病例報告或自發不良事件。以高達 1 克／每天／每公斤體重的劑量對大鼠和狗長期施用 GABA 沒有顯示出毒性跡象。因為一些研究表明 GABA 與血壓降低有關，所以可以想像同時使用 GABA 和抗高血壓藥物會增加低血壓的風險。建議孕婦和哺乳期婦女慎用，因為 GABA 會影響神經遞質和內分泌系統，即增加生長激素和催乳素水平。

從這個文摘可以看出，口服 GABA 是相當安全的。所以，儘管還沒有足夠的證據顯示它能抗焦慮或幫助睡眠，嘗試使用 GABA 應該是可行的。

幫助睡眠？褪黑激素的濫用

《美國醫學會期刊》在 2022 年 7 月 27 日發表一篇醫療新聞〈為治療失眠而持續上升的褪黑激素使用引發安全擔憂〉[3]，重點如下：

從 2007 年到 2012 年，四到十七歲兒童和青少年使用褪黑激素增加了七倍，而從 2012 年到 2021 年，又增加了五・三倍。也就是說，在這十四年間，褪黑激素的使用增加了將近四十倍。

美國 CDC 在 2022 年 6 月 3 日發布文章〈兒童褪黑激素攝入——美國，2012 － 2021〉[4]，指出在 2012 年到 2021 年期間，兒童攝入褪黑激素的年度數量增加了 530%，而大約 1.6% 或 4,555 次攝入產生了嚴重後果。2 名兩歲以下的兒童在家中死亡，5 名需要機械呼吸。在醫療機構接受治療的 27,795 名兒童中，4,097 人需要住院，287 人被送入重症監護室。

成人使用褪黑激素也持續上升，從 1999 年至 2000 年週期中的 0.4% 增加到 2017 年至 2018 年週期中的 2.1%。褪黑激素的銷售在短短三年裡增長一倍多，從 2017 年的 3.39 億美元，到 2020 年的 8.21 億美元。可以預期的是，褪黑激素的銷售將持續增長，原因是人口老化而面臨的更大睡眠問題風險，以及越來越忙碌的生活方式可能導致焦慮和睡眠障礙。

褪黑激素在大多數國家只能通過處方獲得，但在美國卻可以任意購買，而且市售產品的成分和製造幾乎不受任何監管。一些研究對這些非處方藥產品的質量控制和含量提出了擔憂。例如，一項對加拿大安大略省銷售的非處方褪黑激素補充劑的研究發現，褪黑激素的含量比標籤所顯示的含量高出將近

五倍，並且在不同批次之間可能會有很大的差異。在測試的三十一種產品中有八種含有血清素，這是一種褪黑激素分解的產物，具有潛在的健康風險。

數據還顯示，更多成年人使用大於 5 毫克的劑量，這使血清褪黑激素水平遠遠超過典型的夜間峰值濃度。在 2005 年至 2006 年美國國家健康與營養調查（NHANES）之前，沒有參與者報告每天服用超過 5 毫克，但到 2018 年，大約八分之一的褪黑激素使用者這樣做了。我們大腦松果體所釋放的褪黑激素是以皮克（picogram，一皮克等於一百萬分之一毫克）來衡量的，而用於治療晝夜節律紊亂的劑量（約半毫克），也是遠低於許多市售產品的劑量。褪黑激素補充劑通常是安全，但並非完全沒有風險。不良反應包括頭痛、疲勞、頭暈、嘔吐以及白天嗜睡。小型研究還記錄了潛在的更嚴重後果，包括同時服用褪黑激素和抗高血壓藥物的患者的葡萄糖耐量降低以及血壓和心率增加。

我們對褪黑激素的長期安全性知之甚少。例如，最近的一項分析得出結論，需要根據褪黑激素如何影響其他激素和動物性行為的研究來評估褪黑激素對青春期的影響。

哈佛大學神經科教授茱蒂絲・歐文（Judith Owen）醫生說，希望 CDC 的報告能促使臨床醫生和父母不再給小孩服用褪黑

激素。許多產品是以水果口味或作為軟糖或咀嚼片出售,並且缺乏兒童防護包裝。她指出,做父母的人將褪黑激素稱作「糖果」或「維他命」讓孩子服用,可能是在傳遞錯誤信息。她補充說:「就像任何助眠藥一樣,褪黑激素充其量也只不過就是一種繃帶,它不能解決根本的問題,而這些問題通常是行為問題。」

 林教授的科學健康指南

1. 有效的抗焦慮和助眠藥成分 benzo 之所以能降低神經興奮,是因為它會助長 GABA 的作用,讓大腦釋放 GABA 來使心情放鬆,容易入眠。但 benzo 有成癮性及不良副作用,也非常難戒掉,所以有些 benzo 在美國是管制藥

2. 根據美國 CDC 在 2022 年的調查,2012 年至 2021 年期間,兒童攝入褪黑激素的年度數量增加了 530%,而大約 1.6% 的攝入產生了嚴重後果

3. 褪黑激素在大多數國家只能通過處方獲得,但在美國卻可以任意購買,而且市售產品的成分和製造幾乎不受任何監管,而目前的研究報告對褪黑激素的長期安全性卻知之甚少

4-9

國家 SNQ 標章與小綠人認證，真有保障？

＃食品標籤、FDA、保健食品、行銷、國家 SNQ 標章

國家 SNQ 標章，認證了什麼？

我發表了關於「鈦鍺能量產品」的文章後（收錄在本書 13 頁），讀者伯樂在 2022 年 11 月 25 日留言回應：「教授您好。這類的產品層出不窮，可是這樣的產品還有國家 SNQ 的背書。那是否 SNQ 也跟小綠人一樣沒有公信力？……」

首先要搞懂的是，「SNQ 國家品質標章」並不是「國家」授予的，而是由「社團法人國家生技醫療產業策進會」頒發的。至於「小綠人」，那就真的是「國家」授予的，其正式名稱是「健康食品認證標章」，是由衛福部頒發的。有關「小綠人」的公信力，請看下一段文章。

在「SNQ 國家品質標章」的網頁[1] 上，第一段寫著：「因應全球化，『SNQ 國家品質標章』（Symbol of National Quality），以 SNQ 此一簡單易懂之英文縮寫打入品牌市場。字面同時可解讀

為『Safety and Quality』，如此一來，SNQ 其專業且優質形象成為品牌規格和行銷工具，並深植民眾心中，轉為健康生活不可或缺的一部分。」

請讀者注意「SNQ 其專業且優質形象成為品牌規格和行銷工具」這句話。也就是說，頒發 SNQ 標章的目的之一就是要讓廠商用它來做行銷。

接下來，網頁上寫著：「SNQ 審查項目包括生物科技類、醫療保健器材類、化妝品類、營養保健食品類、藥品類、中草藥品類、醫療院所類、護理照護服務類等。SNQ 標章機制堅持效期只有一年，所有產品／服務年年都必須重新被審查，才能維持標章資格！ SNQ 審查機制嚴格，例如藥品類除了看療效、安全，還要看它的經濟效益，以及對患者生活品質的提升、便利性；在保健與健康食品類除了看配方設計，原料、成品、半成品製成管控，到上市後對消費者的保護皆列入審查範圍，才能讓消費者安心。」

從這兩段話就可看出，SNQ 標章的有效期僅為一年。也就是說，產品廣告所宣稱的「獲得國家 SNQ 認證」可能是「過去式」。如果用英文來表示，那就是 was approved 或 was certified。當然，只要 SNQ 真的是有助行銷，廠商肯定是會樂意花錢年年更新。

再來，更重要的是，SNQ 所認證的只不過是「安全」與「品質」，而與「功能」或「功效」毫不相干。例如那個所謂的「鈦鍺能量產品」所聲稱的「促進血液循環、增加血中含氧量，達到消除疲勞，提升自癒能力」，當然不會是在 SNQ 的認證範疇內。此外，**請注意，由於 SNQ 並沒有認證後的監管機制，所以如果廠商拿著 SNQ 標章來聲稱「功能」或「功效」，消費者當然也就只能憑自己的判斷力來拒絕相信。也就是說，SNQ 本身也許是可以信賴的，但是它卻很容易被拿來作為欺騙大眾的行銷工具。**

很不幸的是，我稍微看了一下網頁下面所列舉的一大堆獲得 SNQ 認證的保健品，真的是慘不忍睹，儼然是個 XX 集團博覽會（公開聲稱功效的比比皆是）。像這類產品，是絕對拿不到美國 FDA 的認證。

不過想開點吧，畢竟這些產品既能創造就業，又可增加稅收，所以，消費者花點錢買來品嘗穿戴，也算是樂捐行善吧。反正至少是有安全跟品質的保障，吃了肚子既不會痛，戴著皮膚也不會癢，不是嗎？

最後，對於相關科學論文有興趣的讀者，可以看看這篇 2020 年的論文〈相信我？消費者對食品標籤上專家信息的信任〉[2]。

保健品危害，民眾自討的：談小綠人標章

讀者 Elliot 在 2024 年 2 月 12 日留言回應：「令人失望感嘆的『小綠人調節血糖健康食品』，經動物實驗結果的老鼠藥。」他提供的連結是衛福部審核通過，具有「調節血糖功能」的二十一款保健品。

我給他的回覆是：「促進經濟，提升就業，增加稅收……」意思是，就政府的立場而言，鼓勵民眾消費購買保健品是利遠大於弊。反正吃了死不了，管它是不是有效，甚至明知根本就無效。

不過，我也必須幫政府說句公道話：在每一款保健品的「詳細」說明裡，衛福部都有說「均衡的飲食及適當的運動為身體健康之基礎」。只不過，消費者會看得到，或是會在乎嗎？消費者如果相信「均衡的飲食及適當的運動為身體健康之基礎」，還會花冤枉錢吃保健品嗎？

三天後，讀者 Guava 回應 Elliot：「哇，XX 大紅麴膠囊可以調節血脂功能，調節血糖功能，延緩衰老功能。不得了，這個應該要得諾貝爾獎。」他顯然是看到衛福部那份「調節血糖功能」保健品清單裡的一款。

讀者 Elliot 回應：「我都跟家族長輩說，拿出放大鏡或老

花眼鏡，先詳盡閱讀極小字的警語與注意事項，再批判評估中字體的保健功效宣稱（雞肋的動物實驗結果），可忽略跳過大字體、圖文並茂的保健功效。**小綠人誇大功效宣稱的問題相當嚴重，促進經濟是一回事，但民眾誤信廠商之宣傳行銷，拒絕正規醫療（長期保養的說詞）、延誤就醫時機（認證有效的宣稱）、取代藥物停藥（吃藥傷身的話術），都存在社會性與危害健康的公共風險，遊走在『騙子』與『害人的騙子』之間。傷荷包是一回事，傷身體是要不得的事。**我叔叔空腹血糖在 190 上下，糖化血色素在 7% 邊緣，三高也都湊齊了，但他深信吃藥會洗腎，拒絕就醫，卻箱購 XX 大紅麴與各式瓶瓶罐罐保健食品，因為國家掛保證有效，我怎麼嘮叨也無濟於事。真的是要得諾貝爾獎，至今都還沒有一款藥物可以同時兼顧血脂血糖又抗衰老。」

讀者 Guava 回應：「不能怪您叔叔，讀了小字以後更加確定大紅麴勝過藥物百里路啊！藥物仿單寫了一堆臨床試驗發現的不良副作用，而大紅麴只有說要請教醫師，沒有寫任何副作用喔！說真的，醫師看了大紅麴說明書，他能知道什麼呢？國家掛保證三項神奇功效絕對安全，合理合邏輯推斷它可以延壽！我如果腦袋休眠相信國家保證，也會搬大紅麴回家。」

Elliot 回應裡的「促進經濟是一回事，但民眾誤信廠商之宣

傳行銷，拒絕正規醫療……」當然是針對我所說的「促進經濟，提升就業，增加稅收……」，而我當然是舉雙手贊同。不過，我必須再一次幫政府說句公道話：政府會放任保健品遊走在「騙子」與「害人的騙子」之間，實際上是順應民情。就像香菸一樣，明知會致人於死，但卻還是可以合法販售。為什麼？因為「有這個需求」。如果政府膽敢宣布（甚至只是考慮）要禁止保健品，我保證大批民眾就會立刻上凱道遊行抗議。「吃、補」的觀念是根深蒂固，永遠無法改變的。

 林教授的科學健康指南

1. 「SNQ 國家品質標章」並不是國家授予的，而是由社團法人國家生技醫療產業策進會頒發的。至於「小綠人」，其正式名稱是「健康食品認證標章」，是由衛福部頒發的

2. SNQ 所認證的只不過是「安全」與「品質」，而與「功能」或「功效」毫不相干。SNQ 本身也許是可以信賴的，但是它卻很容易被拿來作為欺騙大眾的行銷工具

3. 政府會放任保健品遊走在「騙子」與「害人的騙子」之間，實際上是順應民情。就像香菸一樣，明知會致人於死，但卻還是可以合法販售。為什麼？因為「有這個需求」

附錄：資料來源

掃描二維碼即可檢視
全書附錄網址及原文

Part1
智商稅產品的謊言與偽科學行銷

1-1 磁力貼與鈦項圈，金屬治療的吹捧與現實

1. 2006 年論文「磁力治療」Magnet therapy
2. 2007 年論文「用於減輕疼痛的靜態磁鐵：隨機試驗的系統評價和薈萃分析」Static magnets for reducing pain: systematic review and meta-analysis of randomized trials
3. 美國 NIH 資訊「治療疼痛的磁力：你需要知道的」Magnets for Pain: What You Need To Know
4. 美國 CDRH 聲明「磁鐵」Magnets
5. 美國 FDA 檔案「被促銷能治療癌症的磁鐵」Magnet Promoted to Cure Cancer
6. 2002 年報導「加州總檢察長起訴磁鐵床墊的銷售商」California Attorney General Sues Magnetic Mattress Pad Sellers
7. 2003 年報導「華盛頓州政府控告磁鐵床墊的推銷商」State Sues Magnetic Mattress Promoter
8. 2006 年文章「磁療：十億美元的冤枉蠢事」Magnet Therapy: A Billion-Dollar Boondoggle
9. 2008 年 6 月 29 日更新文章「磁療：一個抱持懷疑的看法」Magnet Therapy: A Skeptical View
10. 2015 年 10 月 26 日更新文章「磁鐵治療」magnet therapy
11. 2017 年 3 月 7 日文章「磁鐵提供娛樂，但不是健康益處」Magnets Provide Amusement, But Not Health Benefits
12. 2010 年 12 月 13 日《YouTube》影片「非凡新聞：NU 鈦鍺能量產品（Germdian）獨家報導」
13. 2010 年 12 月 24 日《TVBS》文章「『戴』出健康？鈦、鍺、負離子 TVBS 檢視！」
14. 2009 年 10 月 27 日《華爾街日報》文章「金屬：萬靈丹還是安慰劑」Metal: Panacea or Placebo?
15. 2012 年 7 月 24 日《YouTube》影片「鍺石的輻射會致癌你知道嗎」
16. 美國 NRC 文章「負離子技術──您應該知道的」"Negative Ion" Technology – What You Should Know

1-2 萊威貼片和沃倫勒夫手環，誇大不實的直銷手法

1. 2010 年 4 月 23 日《中時新聞網》報導「美商萊威，明發表新品光波貼片」
2. 2005 年論文「新型奈米能量貼片對健康個體休息和運動期間心率變異性信號的光譜和非線性動態特徵的影響」Effect of Novel Nanoscale Energy Patches on Spectral and Nonlinear Dynamic Features of Heart Rate Variability Signals in Healthy Individuals during Rest and Exercise
3. 2011 年論文「能量貼片對大學越野賽跑運動員基質利用率的影響」The Effect of Energy Patches on Substrate Utilization in Collegiate Cross-Country Runners
4. 2015 年論文「能量提升貼片對皮質醇產生，外周循環和心理因素的影響：一項初步研究」Effects of energy enhancer patches on cortisol production, peripheral circulation, and psychological measures: a pilot study
5. 2014 年論文「用於片上光譜的全息平面光波電路」Holographic planar lightwave circuit for on-chip spectroscopy
6. 《維基百科》頁面「全息手環」Hologram bracelet
7. 2023 年 4 月《Dcard》閒聊「沃倫勒夫手環是詐騙嗎？」

1-3 Q-Link 無燈銅線燈，量子共振的騙局

1. 2008 年 6 月 8 日《舊金山紀事報》報導 THE POWER OF
2. Clarus 公司網站「醫療／健康免責聲明」Disclaimers
3. 2020 年 9 月 15 日《YouTube》影片「Q-Link 吊墜深度挖掘和拆解：它是騙局嗎？」Q-Link Pendant Deep Dive and Teardown: Is It a Scam?
4. 2007 年 5 月 19 日《衛報》文章「神奇的 Qlink 科學吊墜」The Amazing Qlink Science Pedant
5. 2008 年 9 月 25 日《安德魯威爾醫師》文章「一個保護您健康的吊墜？」A Pendant To Protect Your Health?
6. 《懷疑論者字典》文章 Q-Link
7. 2007 年 2 月 27 日《Quackometer》文章「站一旁，我是一個順勢療者！」Step Aside, I'm a Homeopath!

1-4 把毒素吃下肚？保鮮膜與烘焙紙的謠言破解

1. 2013 年 6 月 21 日《明醫網》文章「西瓜冷藏半天細菌猛增，吃前應去掉表面一釐米」
2. 2022 年 6 月 30 日《台視新聞網》報導「別把細菌吃下肚！吃西瓜三地雷行為恐食物中毒」
3. 2022 年 7 月 1 日《今周刊》報導「『隔夜西瓜』滿滿細菌直送嘴裡……一家三口送醫、童險死。三地雷別犯！譚敦慈：買回來先切掉一部位」
4. 2015 年 8 月 7 日《福音站》文章「流言揭秘：吃覆蓋保鮮膜的西瓜可致命？」
5. 2018 年 7 月 24 日《元氣網》文章「保鮮膜包西瓜會讓細菌更多？如何正確保存西瓜？」
6. 2020 年 5 月 3 日《上海闢謠平台》文章「謠言：西瓜用保鮮膜，細菌含量會升高」
7. 2019 年 8 月 5 日論文「對塑料消費品的體外毒性和化學成分進行基準測試」Benchmarking the in Vitro Toxicity and Chemical Composition of Plastic Consumer Products
8. 南亞塑膠官網「南亞保鮮膜」產品資訊
9. US Packaging & Wrapping LLC 官網「保鮮膜 101」Plastic Wrap 101

10. 《The Healthy Home Economist》文章「為什麼我放棄未漂白的烘焙紙和烘焙杯」Why I Ditched Unbleached Parchment Paper and Baking Cups
11. 2015 年論文「透過即時質譜直接分析檢測烘焙食品中從矽橡膠中提取的聚二甲基矽氧烷」Polydimethylsiloxane extraction from silicone rubber into baked goods detected by direct analysis in real time mass spectrometry
12. 2016 年論文「使用即時質譜直接分析檢測從塗有有機矽的烘焙紙轉移到烘焙食品的聚二甲基矽氧烷」Detection of polydimethylsiloxanes transferred from silicone-coated parchment paper to baked goods using direct analysis in real time mass spectrometry
13. 2022 年論文「由低級 D4 單體合成的 PDMS 作為人眼玻璃體替代品的物理特性和體外毒性測試」Physical Characterization and In Vitro Toxicity Test of PDMS Synthesized from Low-Grade D4 Monomer as a Vitreous Substitute in the Human Eyes

1-5 防蚊液 DEET 和派卡瑞丁的成分探討

1. 2008 年論文「驅蟲劑 DEET 和派卡瑞丁的風險評估」Risk assessments for the insect repellents DEET and picaridin
2. 美國 CDC 文章「對抗叮咬以預防瘧疾：DEET 驅蟲劑使用指南」Fight the bite for protection from malaria : guidelines for DEET insect repellent use
3. 2021 年論文 N,N-diethyl-meta-toluamide (DEET)
4. 美國 NPIC 文章「派卡瑞丁」Picaridin
5. 2013 年論文「驅蟲劑和接觸性蕁麻疹：對 DEET 和派卡瑞丁的不同反應」Insect repellents and contact urticaria: differential response to DEET and picaridin
6. 2022 年論文「驅蚊劑：在中國商業皮膚應用產品的功效測試」Mosquito Repellents: Efficacy Tests of Commercial Skin-Applied Products in China
7. 美國密西西比州衛生部訊息「驅蚊劑：類型和建議」Mosquito Repellents: Types and Recommendations
8. 墨爾本皇家兒童醫院訊息「驅蟲劑：安全使用指南」Insect repellents – guidelines for safe use

1-6 油漆甲醛與光觸媒的安全性分析

1. 2011 年論文「根據刺激性和癌症危害的考量來確定室內空氣中甲醛暴露的限度」Identifying an indoor air exposure limit for formaldehyde considering both irritation and cancer hazards
2. 2015 年 10 月 1 日台灣經濟部標準檢驗局「新版水性水泥漆及乳化塑膠漆商品檢驗標準」
3. 標準檢驗局公布市售「水性水泥漆（乳膠漆）」商品檢測結果
4. 2022 年 7 月 22 日論文「可見藍光在臨床醫學和公共衛生中的殺菌潛力」The microbicidal potential of visible blue light in clinical medicine and public health
5. 2017 年論文「用多元素摻雜的二氧化鈦奈米粒子來進行可見光催化降解氣態甲醛」Degradation of gaseous formaldehyde via visible light photocatalysis using multi-element doped titania nanoparticles
6. 2022 年綜述論文「二氧化鈦：結構、影響和毒性」Titanium Dioxide: Structure, Impact, and Toxicity

1-7 鹵素燈和 LED 藍光有害？科學調查

1. 2023 年 4 月綜述論文「藍光暴露：眼睛危害和預防──敘述回顧」Blue Light Exposure: Ocular Hazards and Prevention-A Narrative Review
2. 註釋 1 的論文作者的回覆文章 Response to the Letter to the Editor Regarding "Blue Light Exposure: Ocular Hazards and Prevention-A Narrative Review" by Iqbal et al

1-8 陶瓷不沾鍋和牙線的疑慮：再論鐵氟龍

1. 美國 ACC 文章 Fluorotechnology/Per- and Polyfluoroalkyl Substances (PFAS)
2. 美國 ACS 文章「PFOA、PFOS 和相關的 PFAS 化學品」PFOA, PFOS, and Related PFAS Chemicals
3. 2022 年 2 月 24 日美國 FDA 文章「PFAS 在食品接觸應用中的授權用途」Authorized Uses of PFAS in Food Contact Applications
4. 2022 年 7 月 28 日美國跨部門委員會報告「PFAS 暴露、測試和臨床隨訪指南」Guidance on PFAS Exposure, Testing, and Clinical Follow-Up
5. 2021 年 4 月 8 日韓國專利網頁「用於為鋁基炊具提供鐵樣質感的塗層的 Xtrema T 組合物以及使用該組合物的塗層方法」Xtrema T composition for coating providing iron-like texture to aluminum-based cookware and method for coating using the same
6. Xtrema 官網文章「關於陶瓷塗層炊具您需要瞭解的一切」Everything You Need To Know About Ceramic-Coated Cookware
7. 2022 年 3 月 11 日衛生福利部食品藥物管理署「藥物食品安全週報第 860 期」
8. 2022 年 10 月 27 日《YouTube》影片「不沾鍋的真相：陶瓷與鐵氟龍」The Truth About Non-Stick Pans: Ceramic vs. Teflon
9. 2021 年 3 月 15 日《YouTube》影片「陶瓷不黏鍋比特氟龍更安全嗎？陶瓷不黏鍋炊具的優點和缺點。不黏鍋有毒嗎？不沾鍋推薦」
10. 2022 年綜述論文「基於 ePTFE 的生物醫學器材：手術效率概述」ePTFE-based biomedical devices: An overview of surgical efficiency
11. 2023 年綜述論文「用於血管支架塗層的延展聚四氟乙烯膜：製造、生物醫學和外科應用、創新和案例報告」Expanded Polytetrafluoroethylene Membranes for Vascular Stent Coating: Manufacturing, Biomedical and Surgical Applications, Innovations and Case Reports
12. 「含氟聚合物在醫療保健中的用途」Uses for Fluoropolymers in Healthcare
13. 「PTFE 醫療器材塗層應用」PTFE Medical Device Coated Applications
14. 「關於 PTFE 的真相以及可持續塗料的需求」The Truth About PTFE and the Need for Sustainable Coatings
15. 「聚四氟乙烯（PTFE）在醫療上的應用」Applications of Polytetrafluoroethylene (PTFE) in Medical Treatments
16. 「PTFE 塗層醫療器械」PTFE COATED MEDICAL DEVICES
17. 「醫用級塗料」MEDICAL GRADE COATINGS
18. 「PTFE 塗層在醫療領域的重要性」THE IMPORTANCE OF PTFE COATING IN THE MEDICAL FIELD
19. 澳洲政府網站「PFAS 相關問題」FAQs
20. 2019 年論文「非裔美國人和非西班牙裔白人女性的 PFAS 血清濃度和暴露相關行為」

Serum concentrations of PFASs and exposure-related behaviors in African American and non-Hispanic white women

21. 2019 年 1 月 18 日加拿大麥基爾大學科學和社會辦公室文章「牙線有毒嗎？」Is Dental Floss Toxic?

1-9 手機會導致腦瘤和癌症？謠言澄清

1. 2019 年 4 月 1 日《公共衛生年度回顧》論文「腦和唾液腺腫瘤和手機使用：評估各種流行病學研究設計的證據」Brain and Salivary Gland Tumors and Mobile Phone Use: Evaluating the Evidence from Various Epidemiological Study Designs
2. WHO 文章「電磁場與公共衛生：手機」Electromagnetic fields and public health: mobile phones
3. 美國國家癌症研究所文章「手機與癌症風險」Cell Phones and Cancer Risk
4. 美國 ACS 文章「蜂巢式行動電話」Cellular (Cell) Phones
5. 澳洲輻射防護與核安全局文章「手機與健康」Mobile phones and health
6. 斯隆凱特琳癌症紀念中心文章「手機會致癌嗎？」Do Cell Phones Cause Cancer?
7. 2018 年論文「全國癌症狀況年度報告，第一部分：國家癌症統計」Annual Report to the Nation on the Status of Cancer, part I: National cancer statistics
8. 2017 年論文「台灣原發性惡性腦瘤發病率趨勢及其與合併症的關係：一項基於人群的研究」Trends in the incidence of primary malignant brain tumors in Taiwan and correlation with comorbidities: A population-based study
9. 2011 年 6 月 2 日《新唐人亞太台》報導「世衛首度承認，手機恐致癌」
10. WHO 文章「電磁場與公共衛生：手機」Electromagnetic fields and public health: mobile phones

1-10 電磁波的惡名與真相

1. 2021 年 8 月 21 日《三立新聞網》報導「基地台斷訊！『原始人』風波一年後續燒。里民怨：訊號超弱」
2. 2019 年 10 月 13 日《科學的養生保健》文章「太赫茲細胞理療儀」
3. 美國國家癌症研究院文章「電磁場與癌症」Electromagnetic Fields and Cancer
4. 世界衛生組織「國際電磁場計劃」The International EMF Project
5. 世界衛生組織文章「輻射：電磁場」Radiation: Electromagnetic fields
6. 2021 年 3 月 23 日《Now 健康》文章「睡前滑手機是致病兇手？專家警告『電磁波 NG 行為』」
7. 「科技與睡眠」Technology and Sleep

Part2
各式藥品及療法的效用與副作用

2-1 熱門減肥藥分析：羅氏鮮、防風通聖散

1. 2022 年 12 月 11 日更新綜述論文 Orlistat

2. 梅約診所文章「Alli 減肥藥，有效嗎？」Alli weight-loss pill: Does it work?
3. 2023 年 3 月 25 日新聞報導「『這減肥藥』稱可快速排油，買了最重罰一億、關十年」
4. 中華民國藥師公會「防風通聖散」
5. 1995 年論文「防風通聖散對味精肥胖小鼠的產熱、抗肥胖作用」Thermogenic, anti-obesity effects of bofu-tsusho-san in MSG-obese mice
6. 2022 年回顧論文「日本傳統漢方藥物防風通聖散改善肥胖參與者的身體質量指數：系統性回顧與統合分析」Japanese traditional Kampo medicine bofutsushosan improves body mass index in participants with obesity: A systematic review and meta-analysis
7. 2002 年論文「一例防風通聖散誘發肺炎」A case of pneumonitis induced by Bofu-tsusho-san
8. 2004 年論文「一例中藥方防風通聖散誘發間質性肺炎」Case of interstitial pneumonitis induced by a Chinese herbal medicine, bofu-tsusho-san
9. 2008 年論文「由草藥防風通聖散引起的藥物性肝損傷」Drug-induced liver injury caused by an herbal medicine, bofu-tsu-sho-san
10. 2016 年論文「防風通聖散致肺損傷患者案例研究：病例報告」A case study of bofutsushosan-induced pulmonary injury in a patient: Case report
11. 2017 年論文「日本草藥引起的肺炎：七十三例患者的回顧」Japanese herbal medicine-induced pneumonitis: A review of 73 patients
12. 2021 年論文「由草藥（防風通聖散）引起的藥物性膀胱炎」Drug-induced cystitis caused by herbal medicine (Bofutsushosan)
13. 2022 年論文「使用日本藥品不良事件報告（JADER）資料庫分析防風通聖散給藥所引起的藥物性肝損傷」Analysis of Drug-Induced Liver Injury from Bofutsushosan Administration Using Japanese Adverse Drug Event Report (JADER) Database

2-2 知名生髮藥分析：柔沛、波斯卡和欣髮源

1. 2014 年論文「壓碎藥片或打開膠囊：許多不確定因素，一些已確定危險」Crushing tablets or opening capsules: many uncertainties, some established dangers
2. 2019 年論文「非那雄胺後症候群：新興的臨床問題」Post-finasteride syndrome: An emerging clinical problem
3. 2022 年論文「非那雄胺後症候群。文獻綜述」Post-Finasteride Syndrome. Literature Review
4. 2022 年論文「5-α 還原酶抑制劑相關訴訟：法律數據庫審查」5-Alpha reductase inhibitor related litigation: A legal database review
5. 2008 年《台灣醫界》文章「癌症的免疫療法——胸腺素的臨床應用」
6. 1986 年德文論文「在細胞抑制療法中使用『thymu-skin』頭髮療法預防脫髮的經驗」Experiences using the "thymu-skin" hair cure for the prevention of alopecia in cytostatic treatment
7. 1990 年德文論文「婦科脫髮的診治方法」Current approach in the diagnosis and therapy of alopecia in gynecology

2-3 抗焦慮藥物分析：贊安諾、怡必隆

1. 2012 年論文「苯二氮平類藥物的使用和失智症的風險：基於前瞻性人群的研究」

Benzodiazepine use and risk of dementia: prospective population based study

2. 2014 年論文「苯二氮平類藥物的使用和阿茲海默症的風險：病例對照研究」 Benzodiazepine use and risk of Alzheimer's disease: case-control study

3. 2015 年論文「苯二氮平類藥物的使用和發生阿茲海默症或血管性痴呆的風險：病例對照分析」Benzodiazepine Use and Risk of Developing Alzheimer's Disease or Vascular Dementia: A Case-Control Analysis

4. 2016 年論文「苯二氮平類藥物的使用和癡呆或認知能力下降的風險：基於人群的前瞻性研究」Benzodiazepine use and risk of incident dementia or cognitive decline: prospective population based study

5. 2017 年論文「苯二氮平類藥物的使用和發生阿茲海默症的風險：基於瑞士聲明數據的病例對照研究」Benzodiazepine Use and Risk of Developing Alzheimer's Disease: A Case-Control Study Based on Swiss Claims Data

6. 2018 年論文「與苯二氮平類藥物及其相關藥物有關的阿茲海默症風險：巢式病例對照研究」The risk of Alzheimer's disease associated with benzodiazepines and related drugs: a nested case–control study

7. 2015 年論文「丁螺環酮：回到未來」Buspirone: Back to the Future

8. 2017 年論文「丁螺環酮治療失智伴隨行為騷亂」Buspirone for the treatment of dementia with behavioral disturbance

9. 2023 年論文「與丁螺環酮給藥相關的精神病惡化和對鼻內給藥的擔憂：病例報告」 Worsening psychosis associated with administrations of buspirone and concerns for intranasal administration: A case report

2-4 減肥神藥？「瘦瘦筆」臨床試驗與最新報告

1. 2021 年 2 月 10 日《新英格蘭醫學期刊》臨床研究論文「成人過重或肥胖的每週一次索馬魯肽」Once-Weekly Semaglutide in Adults with Overweight or Obesity

2. 2024 年 2 月 29 日《美國醫學會期刊》觀點評論「GLP-1 激動劑治療肥胖——成功的新秘訣？」GLP-1 Agonists for Obesity—A New Recipe for Success?

2-5 從療法變詐術：安慰劑效應與順勢療法

1. 1994 年《刺胳針》論文「在醫療保健中利用安慰劑效應」Harnessing placebo effects in health care

2. 2020 年《美國藥學教育期刊》論文「利用安慰劑反應來改善健康結果」Harnessing Placebo Responses to Improve Health Outcomes

3. 2022 年《臨床神經精神醫學》編輯評論「藥物和安慰劑：有什麼區別？」DRUGS AND PLACEBOS: WHAT'S THE DIFFERENCE?

4. 2022 年《藥理學和毒理學年度回顧》論文「安慰劑和反安慰劑三十年的神經科學研究：有趣的、好的和壞的」Thirty Years of Neuroscientific Investigation of Placebo and Nocebo: The Interesting, the Good, and the Bad

5. 美國 FDA 文章「順勢療法產品」Homeopathic Products

6. 英國 NHS 文章「順勢療法」Homeopathy

7. 2010 年英國下議院科學技術委員報告 Evidence Check 2: Homeopathy

8. 《基於證據的醫學》網站文章「順勢療法」Homeopathy

2-6 CGM 與血糖女神的商業行銷

1. 台灣癌症基金會收藏文章「護眼好夥伴：玉米」
2. 《糖尿病筆記》網站文章「正常人的血糖波動」
3. 2008 年論文「糖尿病的途徑：從健康狀態到代謝症候群再到第二型糖尿病，血糖譜的複雜性喪失」The route to diabetes: Loss of complexity in the glycemic profile from health through the metabolic syndrome to type 2 diabetes
4. 2007 年論文「健康受試者在日常生活條件下和不同餐後的連續葡萄糖曲線」Continuous glucose profiles in healthy subjects under everyday life conditions and after different meals
5. 2019 年論文「健康非糖尿病參與者的連續葡萄糖監測曲線：多中心前瞻性研究」Continuous Glucose Monitoring Profiles in Healthy Nondiabetic Participants: A Multicenter Prospective Study
6. 2023 年 7 月 12 日《紐約時報》文章「誰應該追蹤他們的血糖？」Who Should Be Tracking Their Glucose?
7. 加拿大國家衛生研究院 Future cardiometabolic implications of insulin hypersecretion in response to oral glucose: a prospective cohort study
8. 2024 年 2 月 7 日美國 ACSH 文章「血糖女神進軍補充劑產業」The Glucose Goddess Jumps Into The Supplement Industry
9. 2024 年 2 月 1 日《蓋斯博士部落格》文章「血糖女神有補充品了，值得購買嗎？」The Glucose Goddess has a supplement out Is it worth buying?
10. 2024 年 2 月 3 日《阿比‧蘭格營養》文章「血糖女神抗尖峰評論」GLUCOSE GODDESS ANTI-SPIKE REVIEW
11. 婦產科醫師珍‧甘特《Instagram》貼文

2-7 為何腎上腺疲勞與抗老化醫學是偽科學？

1. 2023 年 2 月 12 日《早安健康》文章「四十歲體力卻像八十歲的腎上腺疲勞，七超級食物助修復」
2. 2022 年 1 月 19 日《Heho 健康》文章「心情低落、常覺得累？造成腎上腺疲勞症候群的三部曲」
3. 2016 年論文「腎上腺疲勞不存在：系統評價」Adrenal fatigue does not exist: a systematic review
4. 2018 年論文「我們厭倦了『腎上腺疲勞』」We are tired of 'adrenal fatigue'
5. 2022 年 1 月 25 日美國內分泌協會文章「腎上腺疲勞」Adrenal Fatigue
6. 2020 年 1 月 29 日《哈佛健康雜誌》文章「腎上腺疲勞是『真的』嗎？」Is adrenal fatigue "real"?
7. 2018 年 1 月 16 日雪松西奈醫療中心文章「揭穿腎上腺疲勞」Debunking Adrenal Fatigue
8. 2003 年《老年醫學家》文章「『抗老化醫學』之戰」The war on "anti-aging medicine"
9. 2000 年 5 月 8 日《洛杉磯時報》文章「抗老化醫生令人不安的紀錄」Troubling Record for Anti-Aging Doctors

10. 2007 年 4 月 15 日《紐約時報》文章「老化：疾病還是商機？」Aging: Disease or Business Opportunity?
11. 2011 年 12 月 18 日《CNN》文章「抗老化醫學的風險」The risks of anti-aging medicine
12. 2012 年 2 月 2 日《中國日報網》文章「美國團體被控癌症欺詐」US group accused over cancer fraud

2-8 極端飲食療法：《肉食密碼》與《茹素運動員》

1. 2020 年論文「全肉食飲食可以提供所有必需的營養嗎？」Can a carnivore diet provide all essential nutrients?
2. 2021 年論文「2,029 名『全肉食飲食』的成年人的行為特徵和自我報告的健康狀況」Behavioral Characteristics and Self-Reported Health Status among 2029 Adults Consuming a "Carnivore Diet"
3. 2022 年「全肉食飲食成年人自我報告的健康狀況和代謝標誌物的局限性」Limitations of Self-reported Health Status and Metabolic Markers among Adults Consuming a "Carnivore Diet"
4. 2021 年 6 月 30 日克里夫蘭診所文章「全肉食飲食：你能吃太多肉嗎？」The Carnivore Diet: Can You Have Too Much Meat?
5. 2022 年 8 月 12 日《ABC Everyday》文章「為什麼全肉食飲食現在很流行」Why the carnivore diet is popular right now
6. 2020 年 5 月 27 日《女性健康》文章「大威廉絲遵循 chegan 飲食，老實說我們有問題」Venus Williams Follows The 'Chegan' Diet, And Honestly We Have Questions
7. 2019 年 2 月 20 日《富比世雜誌》文章「小喬丹、厄文、保羅投資植物性食品公司『未來肉』」DeAndre Jordan, Kyrie Irving, Chris Paul Invest In Plant-Based Food Company Beyond Meat
8. 2018 年 1 月 19 日《SB NATION》文章「里拉德結束純素食，因為他的體重有點掉太多」Damian Lillard ends vegan diet because he lost 'a little bit too much weight'
9. 2020 年 9 月 12 日《波士頓環球報》文章「純素食是愛國者四分衛紐頓的最佳飲食嗎？」Is vegan the best diet for Patriots quarterback Cam Newton?
10. 戴夫・阿斯普里個人網站文章「運動抗營養：純素飲食對劉易士的影響」Athletic Anti-Nutrition: What a Vegan Diet Did to Carl Lewis
11. 2013 年 8 月 27 日《福斯體育》文章「為奪冠者加油的食物：喬科維奇將網球的成功歸功於嚴格的飲食」The food that fuels a champion: Novak Djokovic credits strict diet for tennis success
12. 2022 年 1 月 11 日《SPORF》文章「喬科維奇是純素食者嗎？」IS NOVAK DJOKOVIC VEGAN?

2-9 哈姆立克法的爭議與救命神器 AED

1. 2016 年《兒童疾病檔案》醫學期刊報告「葡萄的窒息危險：一個認知的懇求」The choking hazard of grapes: a plea for awareness
2. 2016 年 12 月 17 日《紐約時報》文章「以防窒息技術出名的哈姆立克醫師去世，享年九十六歲」Dr. Henry J. Heimlich, Famous for Antichoking Technique, Dies at 96

3. 關於美國「善良的撒瑪利亞人法」The Heimlich Maneuver and Litigation: Duty and Breach
4. 美國心臟協會教學影片「徒手心肺復甦術加自動體外除顫器（AED）詳盡版」
5. 台灣衛福部文章「擊刻救援，全民點亮 AED」

Part 3
常見食材的迷思與反迷思

3-1 被渲染的致癌物，蘇丹紅與三鹵甲烷

1. 「IARC 致癌風險評估專著」IARC Monographs on the Evaluation of Carcinogenic Risks to Humans
2. 2024 年 3 月 12 日《聯合新聞網》報導「蘇丹紅流竄全台……」
3. 2019 年 12 月 10 日 IARC 文章「IARC 關於人類致癌危害鑑定的專著——問題與回答」IARC Monographs on the Identification of Carcinogenic Hazards to Humans - Questions and Answers
4. 2018 年 4 月 13 日《健康 2.0》文章「每天都在吸毒氣？腎臟名醫：這種洗澡方式小心致癌！」
5. 台灣癌症基金會收藏文章「2020 年罹癌人數每年達十一萬人」
6. 台灣癌症基金會收藏文章「喝水學問大！把關您的日常飲水安全」
7. 「文青別鬼扯」臉書文章
8. 「Okogreen 生態綠」臉書文章

3-2 貧血不適合吃五穀米？燕麥會升高三酸甘油脂？

1. 2010 年 2 月 1 日《康健雜誌》文章「五穀雜糧夯！五種人吃錯更傷身」
2. 2014 年論文「生活在工業化國家的年輕女性缺鐵的飲食決定因素和可能的解決方案：綜述」Dietary determinants of and possible solutions to iron deficiency for young women living in industrialized countries: a review
3. 2007 論文「在一項隨機對照試驗中，濃縮燕麥 β- 葡聚醣是一種可發酵纖維，可降低高膽固醇血症成人的血清膽固醇」Concentrated oat beta-glucan, a fermentable fiber, lowers serum cholesterol in hypercholesterolemic adults in a randomized controlled trial
4. 2021 年 5 月臨床研究論文「血清代謝組學揭示食用燕麥降低膽固醇作用的潛在機制：一項在輕度高膽固醇血症人群中的隨機對照試驗」Serum Metabolomics Reveals Underlying Mechanisms of Cholesterol-Lowering Effects of Oat Consumption: A Randomized Controlled Trial in a Mildly Hypercholesterolemic Population

3-3 破解燕麥有害論，詳述燕麥的好處與美味食譜

1. 2023 年 2 月 9 日《YouTube》影片「燕麥有害？降膽固醇是陷阱？」
2. 2023 年 4 月 25 日《YouTube》影片「吃燕麥片前請三思」
3. 2019 年 11 月 13 日《YouTube》影片「柏格『醫生』——揭穿」"Doctor" Eric Berg-

EXPOSED

4. 2020 年 5 月 9 日《YouTube》影片「柏格醫生，粉絲信函（好笑）」Dr. Eric Berg FANMAIL (funny)

5. 2009 年調查報告「媒體和化學品風險毒理學家對化學品風險和媒體報導的看法」The Media and Chemical Risk Toxicologists' Opinions on Chemical Risk and Media Coverage

6. 2011 年論文「膳食中接觸據稱汙染程度最高的商品中的農藥殘留」Dietary Exposure to Pesticide Residues from Commodities Alleged to Contain the Highest Contamination Levels

7. 2020 年論文「燕麥片和早餐食品替代品的替代和中風的發生率」Substitutions of Oatmeal and Breakfast Food Alternatives and the Rate of Stroke

8. 2020 年論文「成人二型糖尿病的短期飲食燕麥干預：一種被遺忘的工具」Short-Term Dietary Oatmeal Interventions in Adults With Type 2 Diabetes: A Forgotten Tool

9. 2020 年論文「未控制的二型糖尿病患者的膽汁酸——兩天燕麥片治療的效果」Bile Acids in Patients with Uncontrolled Type 2 Diabetes Mellitus – The Effect of Two Days of Oatmeal Treatment

10. 2020 年論文「中國人 CYP7A1_rs3808607 基因型對血清低密度脂蛋白膽固醇對燕麥攝入的反應」Response of serum LDL cholesterol to oatmeal consumption depends on CYP7A1_rs3808607 genotype in Chinese

11. 2020 年論文「燕麥引起的腸道菌群改變及其與血脂改善的關係：一項隨機臨床試驗的二次分析」Oatmeal induced gut microbiota alteration and its relationship with improved lipid profiles: a secondary analysis of a randomized clinical trial

12. 2020 年論文「燕麥片對女性高強度間歇訓練後運動誘導的活性氧產生的急性影響：一項隨機對照試驗」Acute Effects of Oatmeal on Exercise-Induced Reactive Oxygen Species Production Following High-Intensity Interval Training in Women: A Randomized Controlled Trial

13. 2022 年論文「燕麥飲食後心臟代謝風險標誌物的改善與輕度高膽固醇血症個體的腸道微生物群有關」Improvement in cardiometabolic risk markers following an oatmeal diet is associated with gut microbiota in mildly hypercholesterolemic individuals

14. 2018 年哈佛大學文章「燕麥片是早餐的好選擇，但要控制糖分」Oatmeal a good choice for breakfast, but hold the sugar

15. 2022 年 9 月 1 日美國心臟協會文章「重新認識燕麥片——它沒你想的那麼簡單」Take a fresh look at oatmeal – it's not as simple as you think

3-4 糙米的謠言與健康分析

1. 2019 年 9 月 3 日《中時電子報》文章「糙米增加腎負擔！醫生曝吃白飯好處」

2. 美國聯邦官方「2015 － 2020 飲食指南」2015-2020 Dietary Guidelines for Americans

3. 2019 年 5 月論文「日本工人大米消費與體重增加的關係：白米與糙米／雜糧米之間的比較」Relationship between rice consumption and body weight gain in Japanese workers: white versus brown rice/multigrain rice

4. 2019 年研究論文「糙米和精米中營養成分和有毒元素的分布」Distribution of nutrient and toxic elements in brown and polished rice

5. 2016 年 4 月 1 日美國 FDA 文章「FDA 提議限制嬰兒米粉中無機砷的含量」FDA proposes limit for inorganic arsenic in infant rice cereal

6. 2016 年 2 月 1 日研究論文「美國男性和女性的米飯攝食和癌症發生率」Rice consumption and cancer incidence in US men and women

7. 2017 年 12 月 24 日《食力》文章「米裡面有砷，到底該不該擔心？」

8. 美國國家腎臟基金會文章「慢性腎臟病營養：白米還是糙米？」CKD Nutrition: White or Brown Rice?

9. 2013 年論文「全米飲食對糖尿病前期代謝參數和炎症標誌物的影響」Effects of a whole rice diet on metabolic parameters and inflammatory markers in prediabetes

10. 梅約診所文章「糖尿病飲食：制定你的健康飲食計劃」Diabetes diet: Create your healthy-eating plan

11. 克里夫蘭診所文章「如果被診斷出糖尿病前期該吃什麼」What To Eat If You've Been Diagnosed With Prediabetes

12. 約翰霍普金斯大學文章「糖尿病前期飲食」Prediabetes Diet

13. 《哈佛健康雜誌》文章「低碳水化合物飲食有助於降低糖尿病前期患者的血糖水平」Low-carb diet helps cut blood sugar levels in people with prediabetes

14. 美國醫學會文章「糖尿病前期患者的八個飲食計劃」8 eating plans for patients with prediabetes

15. 美國糖尿病協會文章「食物和營養：如何吃得健康」Food, & Nutrition: How to Eat Healthy

3-5 全麥麵包與小麥的謠言釋疑

1. 2023 年 6 月 13 日《中時新聞網》文章「肌少症傷腦又奪命，醫點名『一健康食物』竟害減肌增脂」

2. 克里夫蘭診所文章「肌少症」Sarcopenia

3. 2023 年綜述論文「肌少症的流行病學：患病率、危險因素和後果」Epidemiology of sarcopenia: Prevalence, risk factors, and consequences

4. 2023 年綜述論文「肌少症發病機制、營養和藥物方法的見解：系統評價」Insights into Pathogenesis, Nutritional and Drug Approach in Sarcopenia: A Systematic Review

5. 2014 年綜述論文「小麥凝集素對健康的影響：綜述」Health effects of wheat lectins: A review

6. 2022 年綜述論文「全穀物中調節骨骼肌功能的生物活性成分」Bioactive Components in Whole Grains for the Regulation of Skeletal Muscle Function

7. 梅約診所文章「全穀物：健康飲食的豐盛選擇」Whole grains: Hearty options for a healthy diet

8. 華人社區健康資源中心文章「全穀類食物」

9. 2023 年 7 月 17 日「世界衛生組織更新脂肪和碳水化合物指南」WHO updates guidelines on fats and carbohydrates

10. 2022 年 12 月 2 日《天下雜誌》文章「每天來點燕麥？小心，兩片全麥麵包可能比糖果更糟」

11. 2012 年 9 月 27 日文章「AACC 國際發布針對小麥肚的基於科學的回應」AACC International Publishes Science-Based Response to Wheat Belly

12. 「小麥肚——書中精選陳述和基本論文的分析」Wheat Belly – An Analysis of Selected

Statements and Basic Theses from the Book

13. 2013 年論文「小麥會讓我們變胖和生病嗎？」Does wheat make us fat and sick?
14. 2014 年 1 月 1 日《SkepDoc》文章「食物神話：關於飲食和營養，科學知道（和不知道）什麼」Food Myths: What Science Knows (and Does Not Know) About Diet and Nutrition
15. 2015 年 2 月 27 日《CBC News》文章「批評者稱，《小麥完全真相》的論點是基於不可靠的科學」Wheat Belly arguments are based on shaky science, critics say
16. 2017 年 3 月 20 日加拿大麥基爾大學科學和社會辦公室文章「小麥肚讓我腹痛」Wheat Belly Gives Me a Bellyache

3-6 偽科學經典：《植物的逆襲》

1. 2017 年 7 月 27 日《新科學家》文章「無凝集素是應當被嚴厲批判的新飲食時尚」Lectin-free is the new food fad that deserves to be skewered
2. 《紅筆評論》書籍評分 The Plant Paradox: The Hidden Dangers in "Healthy" Foods That Cause Disease and Weight Gain
3. 2018 年 7 月 14 日《多疑的心臟科醫生》文章「為什麼你應當不理會史提芬·岡德里的植物悖論」Why You Should Ignore "The Plant Paradox" by Steven Gundry
4. 2022 年 10 月 25 日《基於證據的醫學》文章「植物悖論：史提芬·岡德里對凝集素的戰爭」The Plant Paradox: Steven Gundry's War on Lectins
5. 2022 年 6 月 13 日《科學的養生保健》文章「新冠疫苗是謀殺，醫學證明？」
6. 哈佛大學文章「營養來源：凝集素」The Nutrition Source：Lectins

3-7 咖啡謠言說分明（上）：升血糖、傷腎

1. 2018 年 6 月《亞東院訊》文章「血糖控制不好常見的原因」
2. 《農業知識入口網》文章「阿拉比卡咖啡」
3. 「你知道咖啡豆是什麼嗎？長怎樣？果實可以吃嗎？」
4. 2021 年論文「咖啡化學成分與生物功能的關係」Relationship between the Chemical Composition and the Biological Functions of Coffee
5. 美國農業部文章「用自來水沖泡的咖啡飲料」Beverages, coffee, brewed, prepared with tap water
6. 星巴克咖啡營養成分 Featured Dark Roast
7. 梅約診所文章「咖啡因：它會影響血糖嗎？」Caffeine: Does it affect blood sugar?
8. 2004 年論文「飲用咖啡對空腹血糖和胰島素濃度的影響：健康志願者的隨機對照試驗」Effects of Coffee Consumption on Fasting Blood Glucose and Insulin Concentrations: Randomized controlled trials in healthy volunteers
9. 2019 年論文「咖啡攝入對葡萄糖代謝的影響：臨床試驗的系統評價」Effects of coffee consumption on glucose metabolism: A systematic review of clinical trials
10. 2023 年論文「喝咖啡對自由行動成年人健康的急性影響」Acute Effects of Coffee Consumption on Health among Ambulatory Adults
11. 2022 年 6 月 2 日約翰霍普金斯大學文章「研究發現，喝咖啡可以降低急性腎損傷的風險」Coffee consumption linked to reduced risk of acute kidney injury, study finds

12. 2022 年論文「喝咖啡可以降低急性腎損傷的風險：社區動脈粥狀硬化風險研究的結果」Coffee Consumption May Mitigate the Risk for Acute Kidney Injury: Results From the Atherosclerosis Risk in Communities Study

13. 2021 年論文「與咖啡消費和慢性腎臟病發病相關的代謝物」Metabolites Associated with Coffee Consumption and Incident Chronic Kidney Disease

14. 2021 年論文「咖啡和咖啡因攝取量與腎功能之間的關聯：來自個體層級資料、孟德爾隨機化和統合分析的見解」The association between coffee and caffeine consumption and renal function: insight from individual-level data, Mendelian randomization, and meta-analysis

15. 2023 年論文「CYP1A2 基因變異、咖啡攝取量和腎功能障礙」CYP1A2 Genetic Variation, Coffee Intake, and Kidney Dysfunction

16. 2022 年論文「習慣性咖啡消費與腎功能的關聯：鹿特丹研究的前瞻性分析」Association of habitual coffee consumption and kidney function: A prospective analysis in the Rotterdam Study

3-8 咖啡謠言說分明（下）：高血壓、胰臟癌

1. 2024 年 2 月 22 日《常春月刊》文章「注意！有高血壓喝咖啡，一疾病罹患風險恐增加兩倍」

2. 2023 年臨床研究論文「CHIEF 隊列研究的結果顯示，台灣軍隊每日適量或更多的咖啡攝取量與較低的代謝症候群發生率相關」Moderate or greater daily coffee consumption is associated with lower incidence of metabolic syndrome in Taiwanese militaries: results from the CHIEF cohort study

3. 2023 年臨床研究論文「韓國成年人的咖啡攝取量和高血壓：韓國國家健康與營養調查（KNHANES）2012 － 2016 年結果」Coffee intake and hypertension in Korean adults: results from KNHANES 2012-2016

4. 2023 年回顧論文「咖啡消費對心血管健康的影響」Impact of Coffee Consumption on Cardiovascular Health

5. 2023 年分析論文「一般人群的咖啡攝取量與血壓、低密度脂蛋白膽固醇和超音波心動圖測量的關係」Coffee consumption and associations with blood pressure, LDL-cholesterol and echocardiographic measures in the general population

6. 2023 年統合分析論文「成人咖啡攝取量與高血壓風險：系統性回顧與統合分析」Coffee Consumption and Risk of Hypertension in Adults: Systematic Review and Meta-Analysis

7. 2022 年論文「高血壓患者每日咖啡攝取量與血管功能的關係」Relationship of Daily Coffee Intake with Vascular Function in Patients with Hypertension

8. 2022 年論文「高血壓和非高血壓人群的咖啡和綠茶消費與心血管疾病死亡率」Coffee and Green Tea Consumption and Cardiovascular Disease Mortality Among People With and Without Hypertension

9. 2024 年論文「咖啡對接受抗高血壓藥物治療的高血壓患者血壓和內皮功能的急性影響：隨機交叉試驗」Acute Effects of Coffee Consumption on Blood Pressure and Endothelial Function in Individuals with Hypertension on Antihypertensive Drug Treatment: A Randomized Crossover Trial

10. 「喝咖啡過量小心胰臟癌」

11. 維基百科「倪海廈」

12. 2012 年 11 月 21 日《YouTube》影片「名醫故事（二）李時珍／喝咖啡會導致胰臟癌嗎？」

13. 2011 年論文「咖啡、脫咖啡因咖啡、茶和胰臟癌風險：兩項義大利病例對照研究的匯總分析」Coffee, decaffeinated coffee, tea, and pancreatic cancer risk: a pooled-analysis of two Italian case-control studies

14. 2011 年論文「喝咖啡與胰腺癌風險：隊列研究的薈萃分析」Coffee drinking and pancreatic cancer risk: a meta-analysis of cohort studies

15. 2012 年論文「咖啡消費與胰臟癌的薈萃分析」A meta-analysis of coffee consumption and pancreatic cancer

16. 2012 年論文「咖啡、茶和含糖碳酸軟飲料的攝入量與胰臟癌風險：十四項隊列研究的匯總分析」Coffee, tea, and sugar-sweetened carbonated soft drink intake and pancreatic cancer risk: a pooled analysis of 14 cohort studies

17. 2013 年論文「咖啡攝入量與胃癌和胰臟癌的風險——一項前瞻性隊列研究」Coffee consumption and risk of gastric and pancreatic cancer–a prospective cohort study

18. 2013 年論文「攝入咖啡、脫咖啡因咖啡或茶不會影響患胰臟癌的風險：歐洲營養與癌症前瞻性研究的結果」Intake of coffee, decaffeinated coffee, or tea does not affect risk for pancreatic cancer: results from the European Prospective Investigation into Nutrition and Cancer Study

19. 2015 年論文「咖啡攝入量與胰臟癌的前瞻性研究：來自 NIH-AARP 飲食與健康研究的結果」A prospective study of coffee intake and pancreatic cancer: results from the NIH-AARP Diet and Health Study

20. 2016 年論文「咖啡攝入量與胰臟癌風險：前瞻性研究的最新薈萃分析」Coffee intake and risk of pancreatic cancer: an updated meta-analysis of prospective studies

21. 2016 年論文「咖啡消費與胰臟癌風險：隊列研究的最新薈萃分析」Coffee Consumption and Pancreatic Cancer Risk: An Update Meta-analysis of Cohort Studies

22. 2019 年論文「咖啡攝入量與胰臟癌風險：一項系統評價和劑量反應薈萃分析」Coffee consumption and risk of pancreatic cancer: a systematic review and dose-response meta-analysis

23. 2019 年論文「英國前瞻性百萬女性研究中從不吸菸者的咖啡和胰臟癌風險」Coffee and pancreatic cancer risk among never-smokers in the UK prospective Million Women Study

24. 2020 年論文「咖啡消費與胰臟癌風險：基於人群的隊列研究的元流行病學研究」Coffee Consumption and Pancreatic Cancer Risk: A Meta-Epidemiological Study of Population-based Cohort Studies

Part4
保健食品與膳食補充劑的真相

4-1 紅麴保健食品的疑慮與致命事件

1. 美國 NIH 文章「紅麴米：你需要知道的」Red Yeast Rice: What You Need To Know

2. 2020 年 7 月 12 日《哈佛健康雜誌》文章「膳食補充劑：科學梳理」Dietary

supplements: Sorting out the science
3. 2024 年 3 月 28 日《公視新聞網》報導「高雄洗腎婦長期服用紅麴膠囊，用到小林原料食藥署將釐清關聯」
4. 2024 年 4 月 2 日《NutraIngredients-Asia》文章「紅麴歷險記：日本當局敦促所有 FFC 企業申報健康危害」Red yeast rice saga: Japan authority urges all FFC businesses to declare health hazards
5. 2024 年 4 月 8 日《新新聞》文章「小林製藥紅麴案當頭棒喝！保健食品『越吃越補』迷思，小心燒錢又傷身」

4-2 薑黃保健品的大規模騙局

1. 2022 年《美國醫學期刊》研究論文「與薑黃相關的肝損傷──一個日益嚴重的問題：來自藥物性肝損傷網路的十例 [DILIN]」Liver Injury Associated with Turmeric—A Growing Problem: Ten cases from the Drug-Induced Liver Injury Network [DILIN]
2. 2023 年 8 月 15 日澳洲 TGA 警告「含有薑黃或薑黃素的藥物 ── 肝損傷的風險」Medicines containing turmeric or curcumin – risk of liver injury
3. 2022 年 6 月 27 日法國 ANSES 警告「與食用含有薑黃的食品補充劑相關的不良反應」Adverse effects associated with the consumption of food supplements containing turmeric
4. 「薑黃素之王：大規模研究欺詐後果的案例研究」The King of Curcumin: a case study in the consequences of large-scale research fraud
5. 2012 年 2 月 29 日《休士頓紀事報》報導「M.D. 安德森教授面臨詐欺調查」M.D. Anderson professor under fraud probe
6. 2016 年 3 月 4 日《休士頓紀事報》報導「被指控操弄數據的 M.D. 安德森科學家，退休」M.D. Anderson scientist, accused of manipulating data, retires

4-3 維他命的實話與胡說：公視紀錄片推薦

1. 1912 年論文「缺乏性疾病的病因」The etiology of the deficiency diseases
2. 1920 年論文「所謂的輔助食物因子的命名（維他命）」The nomenclature of the so-called accessory food factors (vitamins)
3. 1969 年論文「1911 年至 1914 年澳大利亞南極探險的維他命 A 過多症：對默茨和莫森疾病的可能解釋」HYPERVITAMINOSIS A IN THE ANTARCTIC IN THE AUSTRALASIAN ANTARCTIC EXPEDITION OF 1911-1914: A POSSIBLE EXPLANATION OF THE ILLNESSES OF MERTZ AND MAWSON
4. 2019 年 5 月 10 日研究「護理師健康研究中停經後婦女從食物和補充劑中攝入大量維他命 B6 和 B12 與髖部骨折風險的關聯」Association of High Intakes of Vitamins B6 and B12 From Food and Supplements With Risk of Hip Fracture Among Postmenopausal Women in the Nurses' Health Study
5. 2020 年 1 月 15 日研究「荷蘭一般人群中維他命 B12 的血漿濃度與全因死亡率的關係」Association of Plasma Concentration of Vitamin B12 With All-Cause Mortality in the General Population in the Netherlands
6. 2020 年 6 月 12 日《科學的養生保健》文章「葉酸攝入過多的不利影響」

7. 美國 NIH 膳食補充劑辦公室文章「葉酸」Folate
8. 2019 年 6 月 19 日《JAMA 心臟病學》文章「維他命 D 心血管預防之死」The Demise of Vitamin D for Cardiovascular Prevention
9. 2004 年論文「維他命 D：預防癌症、一型糖尿病、心臟病和骨質疏鬆症的重要性」Vitamin D: importance in the prevention of cancers, type 1 diabetes, heart disease, and osteoporosis
10. 2017 年論文「評估社區環境中維他命 D3 攝取量高達每天 15,000 國際單位和血清 25- 羥基維他命 D 濃度高達 300nmol/L 對鈣代謝的影響」Evaluation of vitamin D3 intakes up to 15,000 international units/day and serum 25-hydroxyvitamin D concentrations up to 300 nmol/L on calcium metabolism in a community setting
11. 2021 年論文「補充維他命 D 對澳洲老年人急性呼吸道感染的影響：對 D-Health 試驗數據的分析」The effect of vitamin D supplementation on acute respiratory tract infection in older Australian adults: an analysis of data from the D-Health Trial
12. 2021 年論文「維他命 D 補充劑和跌倒風險：隨機、安慰劑對照 D-Health 試驗的結果」Vitamin D supplementation and risk of falling: outcomes from the randomized, placebo-controlled D-Health Trial
13. 《維他命狂熱》影片「十件有關維他命的事」TEN THINGS ABOUT VITAMINS
14. 《維他命狂熱》影片「維他命專家有吃維他命嗎？」DO VITAMIN EXPERTS TAKE VITAMINS?

4-4 抗氧化劑補充劑，維他命 C、E 與 NAC 的查證

1. 2023 年 8 月 31 日研究論文「抗氧化劑刺激 BACH1 依賴性腫瘤血管生成」Antioxidants stimulate BACH1-dependent tumor angiogenesis
2. 2014 年論文「抗氧化劑在小鼠加速肺癌進展」Antioxidants Accelerate Lung Cancer Progression in Mice
3. 註釋 2 論文的伴隨評論「抗氧化劑的黑暗面」The Dark Side of Antioxidants，網址同註釋 2
4. 2018 年 1 月 27 日《健康遠見》文章「胰臟癌轉移腹膜差點餓死，感冒藥救他一命」
5. 2014 年論文「鳳梨酵素和 N- 乙醯半胱胺酸體外抑制胃腸癌細胞的增殖和存活：綜合治療的重要性」Bromelain and N-acetylcysteine inhibit proliferation and survival of gastrointestinal cancer cells in vitro: significance of combination therapy
6. 2017 年臨床試驗「口服 N- 乙醯半胱胺酸的 II 期隨機安慰劑對照試驗用於保護黑素細胞痣免於 UV 誘導的體內氧化應激」A Phase II Randomized Placebo-Controlled Trial of Oral N-acetylcysteine for Protection of Melanocytic Nevi against UV-Induced Oxidative Stress In Vivo
7. 2017 年臨床試驗「初步研究顯示體內抗氧化劑補充 N- 乙醯半胱胺酸在乳癌的代謝和抗增殖作用」Pilot study demonstrating metabolic and anti-proliferative effects of in vivo anti-oxidant supplementation with N-Acetylcysteine in Breast Cancer
8. 斯隆凱特琳癌症紀念中心資訊「N- 乙醯半胱胺酸：聲稱的好處、副作用與其他」N-acetylcysteine: Purported Benefits, Side Effects & More

4-5 抗老神藥？維他命 B3 補充劑的效果與查證

1. 啟新診所文章「維他命中的大家族：維他命 B 群」
2. 《優活健康網》文章「國人普遍缺乏維生素 B，易情緒失控！」
3. 台灣衛福部「國民營養健康狀況變遷調查成果報告（2013 － 2106 年）」
4. 美國 NLM 文章「維他命 B 檢測」Vitamin B Test
5. 2024 年 2 月 20 日《CBS》報導「新研究稱加工食品中添加維他命 B3 會增加心臟病的風險」New study says vitamin B3 added to processed foods is linked to an increase risk for heart disease
6. 2024 年論文「菸鹼酸的最終代謝物會促進血管發炎並增加心血管疾病的風險」A terminal metabolite of niacin promotes vascular inflammation and contributes to cardiovascular disease risk
7. 2024 年 2 月 20 日克里夫蘭診所文章「發現過量菸鹼酸與心血管疾病之間的聯繫」Link Discovered Between Excess Niacin and Cardiovascular Disease

4-6 牛奶和鈣片，長高又助眠？

1. 1995 年論文「一項隨機雙盲對照補鈣試驗以及兒童骨骼和身高的獲得」A randomized double-blind controlled calcium supplementation trial, and bone and height acquisition in children
2. 2007 年論文「鈣補充劑對健康兒童不會影響體重增加、身高或身體組成」Calcium supplements in healthy children do not affect weight gain, height, or body composition
3. 2023 年 6 月 18 日《Thai PBS World》文章「泰國兒童因牛奶喝太少而身高落後」Thai children losing out on height due to too little milk
4. 2005 年論文「牛奶能讓孩子長高嗎？美國國家健康與營養調查（NHANES）1999 － 2002 年牛奶消耗量與身高之間的關係」Does milk make children grow? Relationships between milk consumption and height in NHANES 1999-2002
5. 2019 年論文「乳製品消費對兒童身高和骨礦物質含量的影響：對照試驗的系統性評價」Effects of Dairy Product Consumption on Height and Bone Mineral Content in Children: A Systematic Review of Controlled Trials
6. 2020 年論文「六至五十九個月兒童牛奶攝取量與兒童生長的關係」Association between milk consumption and child growth for children aged 6–59 months
7. 2020 年論文「開始喝牛奶年齡與三至五歲兒童的成長」Age of cow milk introduction and growth among 3–5-year-old children
8. 2020 年論文「MILK 研討會回顧：牛奶消費與六十個月以上尼泊爾農村兒童的身高和體重以及二十四至六十個月大的兒童的頭圍改善有關」MILK Symposium review: Milk consumption is associated with better height and weight in rural Nepali children over 60 months of age and better head circumference in children 24 to 60 months of age
9. 2020 年綜述論文「飲食對睡眠的影響：敘述回顧」Effects of Diet on Sleep: A Narrative Review
10. 2023 年綜述論文「探討乳製品在睡眠品質中的作用：從人群研究到機制評估」Exploring the Role of Dairy Products In Sleep Quality: From Population Studies to Mechanistic Evaluations

11. 2014 年論文「老年人入睡困難與休閒時間體力活動和牛奶及乳製品消費相結合之間的關聯：橫斷面研究」Association between difficulty initiating sleep in older adults and the combination of leisure-time physical activity and consumption of milk and milk products: a cross-sectional study

12. 2019 年論文「日本精英運動員訓練期間牛奶或乳製品消費頻率與主觀睡眠品質的關聯：橫斷面研究」Association of Frequency of Milk or Dairy Product Consumption with Subjective Sleep Quality during Training Periods in Japanese Elite Athletes: A Cross-Sectional Study

13. 2020 年論文「牛奶和乳製品對睡眠的影響：系統性評價」The Effects of Milk and Dairy Products on Sleep: A Systematic Review

14. 2023 年論文「中國成年人牛奶攝取量與睡眠障礙之間的關聯：橫斷面研究」Associations between Milk Intake and Sleep Disorders in Chinese Adults: A Cross-Sectional Study

4-7 維他命 D 和鈣補充劑，對骨質疏鬆有益嗎？

1. 美國骨質疏鬆症基金會文章「鈣和維他命 D 對骨骼健康至關重要」Calcium and Vitamin D are Essential for Bone Health
2. 國際骨質疏鬆症基金會文章「預防骨質疏鬆」PREVENTION
3. 2021 年論文「評估用於制定維他命 D 和鈣建議的方法：骨健康指南的系統回顧」Assessment of the Methods Used to Develop Vitamin D and Calcium Recommendations-A Systematic Review of Bone Health Guidelines

4-8 助眠補充劑效果查證：GABA 與褪黑激素

1. 2020 年論文「口服 GABA 對人類壓力和睡眠的影響：系統評價」Effects of Oral Gamma-Aminobutyric Acid (GABA) Administration on Stress and Sleep in Humans: A Systematic Review
2. 2021 年論文「美國藥典（USP）對 γ - 胺基丁酸（GABA）的安全性審查」United States Pharmacopeia (USP) Safety Review of Gamma-Aminobutyric Acid (GABA)
3. 2022 年 7 月 27 日《美國醫學會期刊》新聞「為治療失眠而持續上升的褪黑激素使用引發安全擔憂」Climbing Melatonin Use for Insomnia Raises Safety Concerns
4. 2022 年 6 月 3 日美國 CDC 文章「兒童褪黑激素攝入——美國，2012 － 2021」Pediatric Melatonin Ingestions — United States, 2012–2021

4-9 國家 SNQ 標章與小綠人認證，真有保障？

1. 「SNQ 國家品質標章」
2. 2020 年論文「相信我？消費者對食品標籤上專家信息的信任」Trust me? Consumer trust in expert information on food product labels

一心文化　science 008

生活中的偽科學：
頂尖醫學期刊評審以科學證據破解智商稅產品和危言聳聽的資訊

作者	林慶順（Ching-Shwun Lin, Phd）
編輯	蘇芳毓
美術設計	劉孟宗
內文排版	polly（polly530411@gmail.com）
出版	一心文化有限公司
電話	02-27657131
地址	11068 臺北市信義區永吉路 302 號 4 樓
郵件	fangyu@soloheart.com.tw
初版一刷	2024 年 8 月

總 經 銷	大和書報圖書股份有限公司
電話	02-89902588
定價	420 元

國家圖書館出版品預行編目（CIP）

生活中的偽科學:頂尖醫學期刊評審以科學證據破解智商稅產品和危言聳聽的資訊 /
林慶順著 . -- 初版 . -- 台北市：一心文化出版：大和發行 , 2024.08
　面；　公分 . -- (science; 8)

ISBN 978-626-98798-0-9(平裝)

1.CST: 家庭醫學 2.CST: 保健常識

429　　　113009230